草木染

*Plant Dyeing for Fashion*

服饰设计

张丽琴——著

U0377694

东华大学出版社·上海

# 前言

## Preface

　　植物染文化，是古人在认识自然并与自然相融的过程中形成、积淀起来的，具有顺应自然的高度智慧和深厚的文化内涵。近代，历经慢慢历史长河的中国植物染色，在追求便捷、快速的工业化进程中，几乎湮灭于我们的生活当中。除了蓝靛在一些偏远少数民族得到保存，其他植物染色早就无迹可寻。这种长期的文化断层，使一般人对于植物染有很多的误解。10 年前，我带学生去湘西、黔东南进行艺术考察，第一次接触到了草木染——蓝靛蜡染，就被那精湛传神的技艺迷住了，也第一次见识到了居然比化工染还牢靠的植物染色，当年带回的蜡染纯棉围巾已佩戴多年，但还能闻到幽幽的草木清香。

　　传承并发扬中国传统植物染不仅是责任，也是生活必需。植物染，除了无污染的健康环保性，其和谐性、舒适性、抗菌、抗过敏性也是化工染所不及的。如果将植物染色仅仅停留在学术角度和科研范畴来发掘是远远不够的，一定要"用"！只有让植物染服装成为生活必需品，才能将其有效地传承发展下去，实践是检验真理的唯一标准。我在翻阅并考证古人染色记载的基础上，学习并比较了植物染诸前辈们的染色经验，加入现代创意思维、艺术理念，通过大量的服饰植物染实践，深入并拓展了植物染色体系。植物染研究是无止境的，需要在不断发展、变化中完善技术。在这个过程当中，我们的草木染服饰品牌得到了诸多有识之士与朋友们的支持，也逐渐获得了大家的认可。我带领学生团队于 2016 年 5 月成立韶言草木染服饰设计工作室，正式将草木染运用到日常服饰当中，在创新中传承，在应用中传承，致力于让更多的人认识并体验到植物染服饰的优势。通过长期实践，经历过重重迷茫与挫折，但更多的是经历了突破的喜悦，现在的我们更有信心将其发扬光大。

每一件设计作品的创造过程都是令人愉悦的，首先要让作品取悦自己才能全身心的投入，也更能获得认同。随着年龄阅历的增长，更体会到将自我的价值实现依托于旁观者的评价多数是不靠谱的，更多的是自我评价和自我满足感。韶言的理念就是让服装更适合穿着体验，而不仅仅是发布会的惊艳，我希望能用设计来包容不完美，包括形体和年龄，使之呈现一种独一无二的美丽。本书中，除了特别标注的几件服装作品，所有服装均为我本人设计。

感谢我亲爱的摄影师同事、朋友们，还有我的学生模特们，他们均是友情帮忙。由于很多服装与服饰在拍照留底之前已卖出，因此本书中很多是买家秀照片，在此，对朋友们的支持表示由衷地感谢！因时间仓促，且笔者能力有限，如有错误敬请指正！我的邮箱：778072522@qq.com，也欢迎加入韶言微信公众号：韶言草木染，微信号：shaoyan201606。

张丽琴

于 2018 年 5 月 28 日

# 目录
## Contents

# 第一章

# 草木韵言

草木韶言

草木韶言，美好的大自然语言。

丰富多彩、变化万千的大自然养育了包括人类在内的所有生物，人类只有热爱大自然才能享受大自然更多的馈赠，尤其是在环境遭到较严重破坏的今天，保护环境已经刻不容缓。美好而健康的自然环境不仅是所有生物繁衍的根本，大自然的形态和色彩之美也是最美好的艺术语言，是我们永不枯竭的创作灵感源泉。

《唐六典》记载："凡染大抵以草木而成，有以花叶，有以茎实，有以根皮，出有方土，采以时月。"具有悠久历史的植物染，即草木染（图1-1），染料全部为天然植物，包括中草药、蔬菜、花卉、果皮等，天然织物棉、麻、丝、毛等比较适合植物染。众所周知，植物染料的环保性是最强的，其废料可以自然分解，也可以作为肥料使用，染制过程无废气，无污水；植物染料是最具可持续性发展的材质，采集便利，属于可再生的有机健康染料；植物染色可以将大自然的美丽留下，并与自然交融。

植物染服饰是可以通过视觉、触觉，甚至味觉来欣赏的一种艺术形态，其具有很强的包容性与和谐性。植物染的魅力不仅仅体现在环保健康上，还有那变化多端、气象万千的色彩变化，植物染也没有想象中的娇弱，蓝靛在天然纤维上的固色甚至比很多化工染还要好，槐米、茜草的固色也非常好。

▲ 图1-1

## ◐ 阳光的温暖 ◐

植物色，像冬季的一抹阳光，像春季的一树柳丝，带着慰藉万物的轻柔与温暖，妩媚与愉悦。植物染的任何色彩都是美丽的，即使最鲜亮的色彩都不会显得刺目，甚至灰色也感觉自带光源，不会发乌、脏，反而有着一种通透感。对于这一现象，抛开科学诠释，我将之解释为阳光的温暖，植物在阳光下生长、发育、开花、结果，它将阳光保存下来，带着勃勃的生命力，赐予我们有温度的色彩。

植物色有一个很有意思的现象，就是在阳光下会变色，且更鲜亮，让人们感觉既新奇又美丽（图1-2）。

## ◐ 有生命力的色彩 ◐

美好的大自然色彩令人心旷神怡，这是任何丹青都无法描述的。

大部分的植被都会经历春长冬枯的历程，所以在很多人的印象中，植物的色彩是脆弱而不长久的。大自然界，哪怕一株小草都会有着旺盛的生命力，大多数植物的顽强性总是超出我们的想象，埋藏千年的莲子可以开花，冰冻千年的苔藓也能复活。

▲ 图1-2

▲ 图1-3

大自然带给我们生机盎然的色彩，植物染能够将生命延续，可以将大自然的美好留住，其拥有无以伦比的和谐性和感染力，饱含生命力的色彩使观赏者产生审美愉悦，感悟到返璞归真的美好意境，进而产生满足感、幸福感。

苏木染的殷红色真丝大披肩，绽放着勃勃生机（图1-3）。

槐米花，从淡然的春色到璀璨的金黄，再到浓郁的墨绿，都是可爱的，带着生命力的欣然美丽（图1-4）。

## ◖ 天人合一的审美境界 ◗

苏轼曰："惟江上之清风，与山间之明月，耳得之而为声，目遇之而成色，取之无禁，用之不竭，是造物者之无尽藏也，而吾与子之所共适。"人与自然的和谐一直是中国艺术审美境界的最高层次。从视觉审美角度看，植物染料作为大自然的原生材料，其色彩能够与天地万物相融合，呈现浑然一体的和谐，因为其本身就是自然。本着万物随缘、尊重自然的理念，植物染色有挖掘不完的新奇色彩，染色时从来不用去模仿什么，每一款色的产生都是一个自然而然的过程。植物染色的价值，不仅仅体现在审美性和环保性上，视觉美感是表象，健康环保是基础，它还蕴含着更深层次的文化内涵与人文意境，进入植物染的世界，更能领悟到天人和一的审美境界。

植物色在大自然中最为和谐，见之忘俗（图1-5）。

▲ 图1-4

▲ 图1-5

# ◑ 时间的深度 ◐

李白诗曰："天不言而四时行，地不语而百物生。"天空不说话，可是四季仍然如常，大地不说话，可是万物依旧生长。对于大自然来说，人类都是过客，面对时光的流逝，面对花草的凋零，最容易伤春悲秋，"青青园中葵，朝露待日晞。阳春布德泽，万物生光晖。常恐秋节至，焜黄华叶衰。"（《乐府诗集·长歌行》）

因为对短暂的恐惧，开始追求快速，追求保鲜，追求永恒。在这个追求速度和效率的时代，不仅动物植物的生长成熟需要人为的促长催熟，就连学习都要速成。对于追求流行的人士来说，流行就等于时尚，要时刻快速追赶、抓住流行，才不会被时尚所抛弃。岂不知，"快时尚"在不断生产、消费、淘汰的过程中，形成了严重的"时尚污染"，不仅仅指生产环节的污染，还包括过度消耗、浪费、包装等行为，所有人或多或少的都是时尚污染的推手，快时尚的代价也要由所有人来承担。从设计角度来说，能够被快速淘汰的东西，一个是迎合了喜新厌旧的心理，还有一个是因为不能经受长久的欣赏力。

时光荏苒，青春、美貌、爱情纷纷在时光中蒙了尘，曾经柔软细腻的心性被时光打磨得越发粗粝坚硬，被生活牵累的人们，已经多久没有安适地去欣赏花开花落，去感受纯粹脱俗的意趣？没有人会厌倦自然，花草之色给平凡生活增添了生机和希望，这种超凡脱俗的美经得起时间的考验，也有着超越时间的审美意境。不管什么时候，大自然的色彩都是永不过时的，植物染可以留住四季的色彩，萌发的春天，蓬勃的夏天，成熟的秋天，沉静的冬天，变化多端的植物染色彩拥有超越流行的魅力（图1-6）。

▲ 图1-6

# ◑ 皮肤上的健康 ◐

服装好似人体的第二层皮肤，舌尖上的健康一直倍受大众的关注，但很少有人会质疑皮肤上的健康，一般人初始被植物染所吸引，也多是着眼于审美角度，在穿着过程中才惊喜于它的舒适性。人们多认为体现服装环保、自然的元素就是指纯天然面料，其实，最体现服装环保性的是其染色。健康的色彩，不仅仅指无污染，还有一定的药理作用，如防虫、抗菌等，蓝靛（板蓝根）染色的真丝双绉裙，夏天贴身穿，爽心悦目，舒适至极，呼吸之间隐约带着草木的清香。植物色能够很好地与人体的气场契合，其亲肤性是毋庸置疑的，观感和触感都既亲和又舒适；因其透气性，植物色也被称之为会呼吸的色彩，可以让面料自由呼吸，且更接近皮肤的质感。服饰与皮肤接触摩擦过程中，一般人都会觉得不难受等于舒适，其实不然，没有比较就永远不知道植物染超高的舒适度，这是笔者与众多朋友们（体验过植物染服饰）的切身体会，尤其过敏性体质的人一定要试试植物染，以自然之色，养自然之肤（图1-7）。

▲ 图1-7

## ◖ 随性之美 ◗

植物染的乐趣还在于可以自由设计与染色，纯手工设计使每一款色都属于不可复制的原创设计，人人都可以进行服饰艺术创作，进而衍生出新的表现手法，获得诸多可能性，在不断尝试创新的过程中，随时都有惊喜，这种单纯的快乐让我们能够保持意趣。

植物染还可随心所欲地变换色彩，经过植物染的服饰能够进行多次变色，如将红色变成深紫灰色，黄色变换为橘红色、绿色，绿色可以变换成深蓝色等。

植物色在视觉上和谐、适度，赏心悦目，并能陪衬、提亮肤色，让人想要去探究创造这些色彩的背后故事（图1-8）。

▲ 图1-8

# 第二章

# 染色要诀

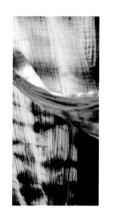

染色要诀

在将植物染当作创意实验的过程中，我尝试了各种植物的不同染色方法和组合形式，经历了很多次的惊喜，也经历了惨痛的失败。2016 年曾经因为蓝靛染色失败而损失了十几件真丝蜡染服装和戒指绒羊绒围巾，这对于当年刚刚起步的小工作室来说，真的是一个惨痛的教训。笔者从事服装设计专业工作多年，有很多的创意理念，也勇于发掘织物的创意植物染，但对于染整科学这一领域还只是门外汉。因为我想尝试在真丝、羊绒这些耐酸不耐碱的面料上进行蓝染，但酸碱度问题没有掌控好就出了一个大纰漏。当然，即使是做过多年蓝染的资深民间手工艺人也没有对此有特别精确的研究。受一次挫折，增长一分见识，在将植物染当作一个梦想的发掘中，更多的是得到了许多意想不到的大自然回馈，直到现在还在不断地磨练修行当中。植物染有一定的不确定性，但掌握了植物染的染色要诀后基本能实现随心所欲的色彩定制。

## ◉ 植物染方式 ◉

### 1. 植物染工艺方式

按照工艺方式主要分为：煮染、发酵染、鲜汁染、鲜拓染。

笔者通过长期的实验发现，固色最好的几种植物染料，除了发酵染的蓝靛（蓝靛发酵法请参阅章节——草木之色：青与蓝），多适于煮染。首先，很多植物染料的色素提炼必须经过热煮的方式，再有，天然织物有不同的染色温度值，在最佳温度值状态进行染色最容易上色，且固色最好。

**鲜汁染**：将新鲜的植物（根、叶、皮、花等）通过浸泡、捣碎方式压榨出汁液进行直接染色，鲜汁染属于最简单直接的染色方式，在没有发明酒糟发酵法之前，古代最早就是采用鲜汁染方式染青、蓝、青绿色。制作过程：先将染草叶子浸水并揉碎成汁液，浸染面料，菘蓝、马蓝染面料可通过氧化变成蓝色，蓼蓝鲜叶染呈现"碧色"，即青绿色。此法虽然简单，但受到产地和收获季节的制约。最著名的鲜汁染就是薯莨染色，即香云纱的染色工艺，笔者通过实验发现，薯莨根茎的鲜汁染很耗时、耗力，不如煮染上色更快，两者的固色都很好。

**鲜拓染：**顾名思义，一定要用新鲜的植物才能拓出颜色。制作过程：先把叶子或花茎平摊在面料上，用敲击的手法，将植物形状和颜色拓印到面料上。该法完成的图形生动、鲜活。染色中敲击的轻重要控制好，越容易上色的面料越脆弱，同时，鲜拓法的固色是个大问题，因此，我们在服饰上首先放弃了鲜拓法。

## 2. 植物染色方法

植物染料按照染色方法分为直接染料、媒染染料、还原氧化染料。

**直接染料：**此染色方法最简单，植物染料在中性水中煮沸便可染色，不需要任何媒染剂，如栀子，不过栀子固色也属于最差的，染得容易掉色也快。

**媒染染料：**一些植物染料必须要用媒染剂做媒介才能达到染色与固色目的，媒染剂分酸碱性，酸性媒染剂有明矾、青矾、柠檬酸、乌梅醋等。碱性媒染剂有草木灰水、石灰水等。

**还原氧化染料：**蓝靛染色是面料在染液中浸染时呈现黄绿色，出染液后经空气氧化慢慢变成蓝色，还原氧化染色的固色非常好。其步骤为：

①将在清水中浸湿过的 T 恤进行捆扎后，放入蓝靛染液中浸染 15 分钟（图 2-1）；

②取出 T 恤后呈现黄绿色，接触到空气后开始慢慢氧化（图 2-2）；

▲ 图 2-1

▲ 图 2-2

③等黄绿色变为蓝色，氧化完成（图2-3）；

④用清水洗净后阴干（图2-4）；

⑤穿着状态（图2-5）。

▲ 图2-3

▲ 图2-4

▲ 图2-5

# ◑ 煮染法流程 ◐

## 1. 煮染工具

**工具：** 电磁炉，不锈钢煮锅（负责煮染料），大容量不锈钢盆（因为要经常做恒温加热，一定要加厚底，多备几个洗涤时用），搅拌棍（光滑木棍或PPR热水管），过滤网（可用细眼大漏勺），精准电子厨房秤，量杯，手套（耐热性的专用扎染手套），围裙，测温计，pH 试纸。

## 2. 染色过程

①首先，在染色之前，所有面料先要做染前处理，使其能达到最佳的染色状态。棉麻白坯的处理最为繁琐，需要做 1～2 个小时的水煮脱浆，煮布时加入肥皂水，煮完用清水洗涤干净备用。丝毛面料一般只经过浸泡即可染色。

在染色之前，面料一般要用清水浸泡 30 分钟以上，使之浸透，再拧干后浸入染液中，这样染色容易均匀，另外，要实现渐变效果，面料中需要含水，颜色就能够慢慢氤上来，色彩转折柔和自然，如图 2-6。注意，如需扎染，最好先扎后浸湿。

其次，根据面料媒染方式做媒染处理，适合先媒后染的植物染料，染之前先将面料浸于媒染剂溶液中半小时，捞出后洗涤一遍拧干备用。

▲ 图 2-6

②按照一定染料与清水的配比，先将染料用清水在煮锅里浸泡半小时到一个小时（粉剂染料不用浸泡），木材类的染料甚至可以浸泡一晚，如苏木。

③高温煮沸后，小火煮，30 分钟后过滤出染液倒入盆中（粉剂染料煮一次即可）。

④按照前面的配比，进行第二次煮液，30 分钟后倒出染液与第一次染液混合。

⑤面料在染液中浸染 30 分钟后，捞出面料，拧干后放入媒染溶液中，20～30 分钟后，洗涤干净。

⑥可重复进行染制，即复染，颜色会逐渐加深。

注：除了特别说明，本书所有煮染方式全部采用此流程。

## 3. 节水问题

每次都采用同种染料的多件服饰植物染，洗涤水可重复使用，可节水；还要准备几个大桶，用过的水也不要直接倒掉，比如最后一遍的洗涤水都比较干净，可储备起来，再次使用，不太干净的可以洗墩布；用过的明矾水也都倒入一个桶中，几天之后明矾带着杂质沉淀于桶底，从而澄清出清水，可再次利用。

# ◖ 植物染面料 ◗

## 桑蚕丝

　　桑蚕丝属于天然动物蛋白质纤维，耐热性较好，耐酸不耐碱，极易上色，且着色效果最好，用作丝巾类的桑蚕丝有雪纺、顺纡绉、电力纺，用于服装的桑蚕丝品类有电力纺、双绉、素绉缎、双乔、弹力双乔等。桑蚕丝适用于所有酸性染料，尤其是明矾做媒染的植物染，色彩靓丽有光泽，拥有其他材质无法比拟的服用性与美感。重磅双绉与双乔都属于桑蚕丝产品中最适于制作日常装的品类，光泽柔和，面料结实，色彩雅丽明媚（图2-7左图为真丝弹力双乔，右图为真丝双绉）；素绉缎的光泽度最好，色彩、肌理形态千变万化（图2-8）；雪纺的通透、飘逸、柔媚感最佳（图2-9）。本书中统一将桑蚕丝产品称为真丝，后面加上品类，如真丝雪纺、真丝双绉等。

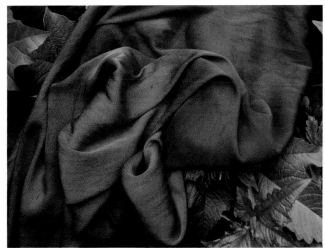
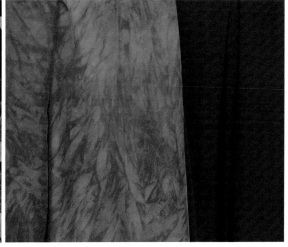

▲ 图2-7

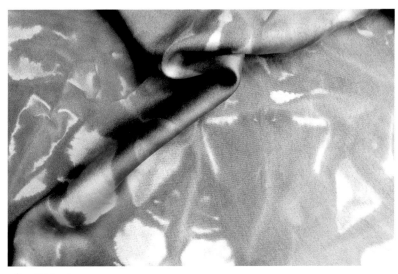

▲ 图2-8

▲ 图2-9

## 羊毛

羊毛来自绵羊，属于动物蛋白质纤维，耐热性好，耐酸，适用于所有酸性染料，耐碱性要强于桑蚕丝和羊绒，支数越高，越细腻柔软，相应的耐碱性也越差。羊毛的植物染色温暖、舒适，植物色呈现范围广，色彩饱和度高（图2-10）。

## 羊绒

羊绒来自山羊，我国内蒙的阿尔善出产世界上质量最好的羊绒，因为产量稀少，被称为"软黄金"，羊绒的植物染色，色调柔和、温暖，如图2-11。戒指绒更是羊绒中的顶级工艺产品，对绒长和细度都有严苛的规定，超级轻薄柔软，拥有最佳的手感和亲肤性，一条1米宽、2米长的戒指绒大披肩可以轻松从一枚戒指中穿过，因此而得名，如图2-12所示。戒指绒进行植物染色，

▲ 图2-10

▲ 图2-11

▲ 图2-12

色泽柔和、高端，可呈现其他面料不可能实现的颜色，如图 2-13 为茜草染出的高端粉色系列。

## 棉麻

棉麻均为天然植物纤维，拥有温和、朴素的韵味，即使采用艳色系植物染色也是质朴无华，如图 2-14，图左为双层绉麻，图右为双层纯棉。贴身服饰的棉麻面料为了增加舒适度，多将棉与麻进行混纺，还常与真丝混纺，如丝棉、丝麻等，棉麻均耐酸碱，可以高温热煮染色。

▲ 图 2-13

## 丝麻

我最喜欢的一款本色丝麻面料为中厚型，丝麻成分各占 50%，不仅拥有真丝超棒的染色性能与舒适度，还有麻质的挺阔性，如图 2-15 为槐米染色丝麻，垂感与抗皱性均佳，此款面料适于所有的植物染料，色彩与纹样的视觉艺术形式更加多元化。

即使运用同样的染料，因为面料的差异性而呈现反差很大的视觉肌理效果，

▲ 图 2-14

如图 2-16，均为蓝靛染色的纯麻裙与真丝顺纡绉丝巾，呈现了真丝的华美，纯麻的质朴。

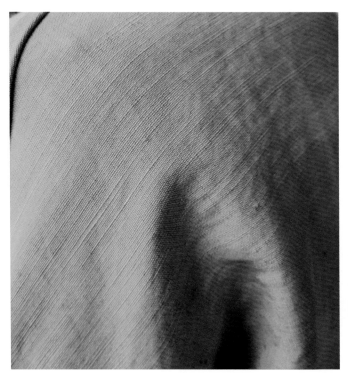

▲ 图 2-15

▲ 图 2-16

# ◐ 媒染剂 ◑

　　一些植物染料的色素必须要借助媒染剂形成色素沉淀才能达到染色效果，媒染兼具固色效果。常用的几种媒染剂有矾、草木灰、铁浆水、醋等。通常情况下，含铝的媒染剂可以提升染色鲜艳度与亮度，如明矾；含有铁的媒染剂增加染色灰度和深度，可以染出高级灰、棕褐色及黑色，如青矾和铁浆水，传统香云纱就是利用富含铁的黑色河泥染黑色或棕褐色。

　　根据不同的植物染料、颜色和面料来选择媒染剂，如运用苏木、茜草、槐米等染出鲜亮的红色、黄色、绿色等，要用明矾做媒染；用苏木、茜草等染出灰紫色、灰色、黑色，要用青矾或铁浆水做媒染。根据面料耐酸碱性来选择媒染剂，真丝与羊毛均是耐酸不耐碱，其最佳媒染剂为明矾、柠檬酸和醋酸，少用铁浆水和草木灰，最好不用石灰水。棉麻比较适合碱性媒染剂，如草木灰。媒染剂浓度配比一般按照布重的 4% 左右计算，如 500 克的真丝布，使用媒染剂明矾 20 克，可随时根据具体情况进行调整。

　　用 pH 试纸来测染液的酸碱值，强弱程度用 pH 值来表示。常温标准状况时，pH=7 的溶液呈中性，pH<7 者呈酸性，pH>7 者呈碱性。

草木灰、柠檬酸和醋类都是最为天然的媒染、助染剂，不会产生任何污染。天然矿物质的矾类媒染剂含有少量的金属成分，在利用这些金属成分进行植物染色的同时，还要充分利用他们的净化功能。媒染过后的明矾水或者混入明矾水的染水，静置几天，明矾与水中的杂质聚结在一起，最后呈絮状物沉淀（图2–17），澄清后的上层水就可以进行二次利用，如拖地，甚至可以浇花，非常节能环保。古人很早就将明矾作为饮水的净化剂，清代道光年间的《饮食辨录》一书中记载："春夏大雨，山水暴涨，有毒。山居别无他水可汲者，宜捣蒜或白矾少许，投入水缸中，以使水沉淀净化。"

## 1. 矾

矾是各种金属（如铝、铜、铁、锌）硫酸盐，"时珍曰：矾者，燔也，燔石而成也。"燔石就是经过焙烧的矿石。《天工开物·燔石》曰："石得燔而成功……至于矾现五色之形，硫为

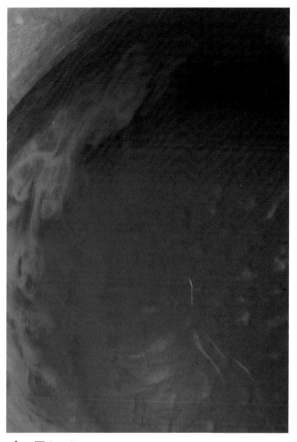

▲ 图2–17

群石之将，皆变化于烈火。"矾能呈现出五色的形态，硫能够成为群石的主将，这些也都是从烈火中变化生成的。宋代苏颂在《本草图经·玉石上品卷第一矾石》中说："初生皆石也，采得碎之，煎炼乃成矾。凡有五种：其色各异，谓白矾、绿矾、黄矾、黑矾、绛矾也。白矾则入药，及染人所用者；绿矾亦入咽喉口齿药及染色……黑矾惟出西戎，亦谓之皂矾，染须鬓药或用之。绛矾本来绿色，亦谓之石胆，烧之赤色，故有绛名，今亦稀见。"矾是矿物矾石经加工提炼而成的结晶，矾为酸性媒染剂，主要有白矾、绿矾、青矾、皂矾、胆矾，常用做媒染，矾都易溶于水，不溶于乙醇。

### ① 明矾

明矾就是白矾（图2–18），学名硫酸钾铝。明矾有解毒杀虫、止痒等药用功效，还常被用作食品膨松剂和稳定剂，明矾含有铝元素，过量或长期食用会导致骨质疏松及贫血，并损害

▲ 图2–18

大脑及神经细胞，所以专家总提醒少吃添加明矾的食品，如焙烤与膨化食品等。明矾是植物染中应用最多的一种媒染剂，如茜草与槐米，用明矾作为媒染后，色彩鲜艳。通过长期实验，发现明矾在温水中可完全溶解，明矾水温度在 40 ～ 50℃时，媒染效果最好。

② 青矾

青矾（图 2-19），又名绿矾，天然青矾主要含硫酸亚铁，功能：燥湿杀虫、解毒敛疮。因绿矾可以染皂色，也称之为皂矾，《本草纲目·金石部五》："时珍曰：绿矾可以染皂色，故谓之皂矾。又黑矾亦名皂矾，不堪服食，惟疮家用之。"西汉时期淮南王刘安的《淮南子·俶真训》言："今以涅染缁，则黑于涅，"用涅石做黑色染料，黑的程度比原涅石更深。涅石指的就是矾石，应该就是皂矾（黑矾、绿矾、青矾）。

③ 蓝矾

蓝矾（图 2-20），又名胆矾、铜矾、石胆，胆矾是天然的含水硫酸铜，宋代唐慎微的《证类本草》曰："石胆，生于铜坑中，采得煎炼而又有自然生者，尤为珍贵，并深碧色。入吐风痰药用最快。""时珍曰：石胆气寒，味酸而辛，入少阳胆经。其性收敛上行，能涌风热痰涎，发散风木相火，又能杀虫，故治咽喉口齿疮毒，有奇功也。"蓝矾有很强的杀菌消毒功效，如泳池水呈蓝色的话，就是用了蓝矾做消毒剂。蓝矾也常被用做除草剂和农药，毒性较大，笔者因此没有将蓝矾应用于服饰染色当中。

## 2. 草木灰

草木灰（图 2-21）泛指作物秸秆、柴草、枯枝落叶燃烧后的灰烬，碱性，含有丰富的钾、钙等元素，现在被广泛应用为农作物的钾肥，同时具有杀菌消毒的作用。至于草木灰的药理性，古人认为草木灰中只有"冬灰"可入药，《本草纲目》释："诸灰一面成，其体轻力劣；唯冬灰则经三、四月方撤炉，其灰既晓夕烧灼，其力全燥烈，而体益重故也。"《纲目》言："时珍曰：'冬

▲ 图 2-19

▲ 图 2-20

灰，乃冬月灶中所烧薪柴之灰也……今人以灰淋汁，取硷浣衣，发面令暂，治疮蚀恶肉，浸蓝靛染青色。'"古代，草木灰除了药用价值，还作为漂白剂和媒染剂使用，当时的蓝靛、红花染色都需要草木灰。现代蓝靛染色多用碱代替草木灰，其染色鲜亮程度及固色效果都不如传统草木灰水。

草木灰水提炼方法：

筛除杂质，将细灰加热水进行充分搅拌，放置 24 小时以上使之沉淀，上层澄清的灰水即可用作媒染剂和固色剂。

▲ 图 2-21

### 3. 柠檬酸

柠檬酸，很多植物的果实中都含有丰富的天然柠檬酸，如柠檬、菠萝、柑橘等。人工合成的柠檬酸生产原料主要有薯类、谷类、淀粉、糖类，也同样是由天然物质发酵制成的。柠檬酸作为有机酸，被广泛应用于食品业、化妆业、纺织业、工业等领域中，柠檬酸属于酸性染色助剂，易溶于水和乙醇。柠檬酸可增加染色的鲜艳度，对面料无伤害；柠檬酸在羊毛染色中还能起到软化面料作用，使其变得更蓬松柔软。

▲ 图 2-22

### 4. 铁浆水

铁浆水（图 2-22）为生铁浸于水中生锈后所成的一种溶液，唐代《本草拾遗》曰："铁浆，取诸铁于器中，以水浸之，经久色青沫出，即堪染皂，兼解诸毒入腹，服之亦镇心。"铁浆水既可染黑，也可入药，有镇心定痫、解毒敛疮等药用功效。经铁媒染色的布，媒染浸泡时间不能过长，否则容易对布料造成损伤。

### 5. 醋

包括醋精、白醋、米醋、乌梅醋，添加醋，可以使染液呈酸性，如紫甘蓝染液加白醋可染紫色，茜草染液加醋精调整 pH=6，可染紫色。

# ◐ 染色技巧 ◑

通常，染液浓度越高，上色越快（蓝靛除外），但也不能超过限度，每种染料适合的浓度都有区别。抛开染料与水的配比浓淡、植物活性、织物差别，对织物色相变化起作用的主要有以下几个因素：媒染方法、浸染顺序、染色次数、温度等。

## 1. 染前处理

《周礼·天官冢宰·典妇功／夏采》记载当时的植物染之前一定要先做染前处理："凡染，春暴练，夏纁玄，秋染夏，冬献功。"释曰："云'凡染，春暴练'者，以春阳时阳气燥达，故暴晒其练。'夏纁玄'者，夏暑热润之时，以朱湛丹秣易可和释，故夏染纁玄而为祭服也。'秋染夏'者，夏谓五色，至秋气凉，可以染五色也。'冬献功'者，纁玄与夏总染，至冬功成，并献之於王也。""练，湅缯也。"指把丝、帛煮制得柔软洁白。凡是染色，春天要煮晒丝帛，这是染色之前必做的关键准备，直接关系到后面的染色效果。

丝毛面料的植物染亲和性最好，其染前处理较简单，只要经过浸湿处理即可。不过白坯除外，笔者通过大量实验发现，相较于加过柔软剂的本白色羊毛，羊毛白坯虽然柔软度稍逊，但更容易上色，且色彩更鲜亮饱满，越天然越自然。

棉麻面料需要祛除浆性，才能染色。棉麻的白坯，必须要经过 1 ~ 2 小时的热煮，经过退浆处理，并去掉杂质之后才可进行植物染色，水煮退浆时，最好加入肥皂片（肥皂块进行削片处理）一起煮，并不时搅动面料，最后用清水漂洗干净。植物染爱好者都直接从市场上采购面料，经过工业水洗且没有化工染色的棉麻面料，完成了脱浆、柔软这些程序，俗称本白色或者本色棉麻，其染前处理就方便多了，可以清水浸泡一晚，然后放入洗衣机中加入皂液进行洗涤、甩干，即完成染前处理。

注：面料经过生豆浆浸泡更容易上色，但笔者觉得因过于浪费而不适于大块面料的染前处理，这里就不赘述。

以贵州花椒布为例：贵州花椒布为蓝靛蜡染专用布，属于没有经过后处理的白坯布，两次染液的配比相同，均为 60 克槐米，4000 毫升清水。第一条花椒布，水煮 1 小时后，布料变得较柔软，用了染过三条羊毛围巾的四染液，浸染一小时，上色鲜艳、快速，又入蓝靛浸染，如图 2-23；第二条花椒布（图 2-24），常温水浸泡一整天（24 小时以上），用了槐米初染液与蓝靛，多次复染但上色依然较差。

笔者曾经从厂家直接进了一些纯麻白坯，质感非常硬挺、粗糙，这种布需要在加入肥皂片的沸水中经过 2 个小时的脱浆处理，才能进行染色。因为布上没有添加任何化工剂，如柔软剂、漂白剂等，其上色效果要比工厂做过脱浆处理的布好得多，如图 2-25。

注：做过脱浆处理的干面料，染色之前都要先用清水浸泡 30 分钟以上，使之完全湿透，这样染液色素才容易浸入，且染色均匀，除非特别标注，此方法适用于本书中的所有染色。

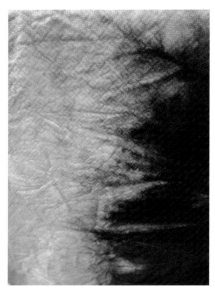 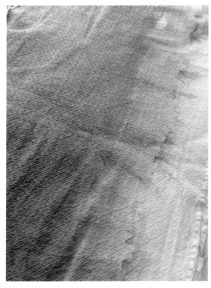 

▲ 图 2-23　　　　　　　　▲ 图 2-24　　　　　　　　▲ 图 2-25

## 2. 媒染方法

需要媒染的染料有三种方式染色：先染后媒、先媒后染、同浴媒染。三种方法呈现的染色效果有很大的差别。

**先染后媒：** 先在染液中进行浸染，再放入媒染水中媒染，这种先染色后媒染的方式，可以保持染液的纯净，以便进行其他面料的染色。

**先媒后染：** 先将面料放入媒染水中做预媒处理，再在染液中浸染的方式。

**同浴媒染：** 将配制好的媒染水混入染液中，再浸入面料进行染色，同时完成染色与媒染过程。

以槐米真丝顺纡绉丝巾为例，分别采用先媒后染和先染后媒的手法（均为明矾媒染），图 2-26 为先媒后染，呈现较暗的土黄色，图 2-27 为先染后媒，呈现靓丽醒目的柠檬黄色。由此可见，

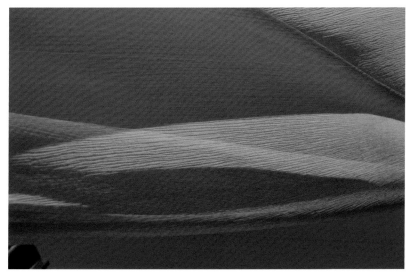 

▲ 图 2-26　　　　　　　　　　　　　　　　　　　　▲ 图 2-27

▲ 图2-28                ▲ 图2-29

▲ 图2-30

槐米适合先染后媒，色彩更鲜亮耀眼。

以茜草真丝顺纡绉丝巾为例，运用三种不同的明矾媒染方式染色。图2-28为先染后媒，呈现较暗的灰紫红色；图2-29为先媒后染，呈现橙粉色（如果多次复染可呈现粉红色或红色）；图2-30为同浴媒染，呈现鲜艳的茜红色。结果表明茜草的先媒后染比先染后媒的染色效果更加偏红，同浴媒染色彩最为醒目鲜艳。根据色彩的鲜艳程度从低到高排列的媒染方式依次为先染后媒、先媒后染、同浴媒染，色彩可说是各有千秋，因此，茜草的三种媒染方式都比较适宜。

## 3. 浸染顺序

经过长期的植物染实践发现，同一植物不仅仅只有单一色相，除了含有量最高的本色相，一般还会含有两到三种其他色相。同一桶染液，不同的浸染顺序会呈现各异的色相，一般会出现一条最亮色，一条最暗色，还会有一条色相最明确的颜色。如果将三条围巾同时放入染液，浸染相同的时间，媒染顺序也相同，可以得到三个差别不大的相同色相，当然就不会有最亮色，也没有最暗色，比较来说，这样出来的三条色相都比较中庸，最大优点是节省时间。

不同面料运用同一染料，染色顺序相同，但所呈现的色相会有所差异，这与面料本身的材质吸色特点有关系。下面以羊毛羊绒围巾为例进行详细介绍（注：为了更明确，第一次染色的染液称初染液，第二次染色的染液称次染液，第三次染色的染液称三染液，以此类推）。

**不同顺序的茜草染色变化：** ①茜草粉15克，4000毫升水，煮至开后小火煮半小时；②明矾15克，3000毫升水，温水化开；③三条羊毛白坯均采用先媒后染的方式，先在明矾水中浸泡30分钟，按照不同顺序分别进行染色。第一条，初染液中浸染半小时后，再次媒染，呈现棕橙红色，

图 2-31；第二条采用扎染形式，次染液中浸染半小时，再次媒染 20 分钟，最后在三染液中浸染半小时，呈现较亮的粉红色，如图 2-32；第三条，在四染液中浸染 30 分钟，再次媒染 20 分钟，又复染三次，每次 30 分钟，呈现鲜亮的茜红色，如图 2-33。由此可见，第一条羊毛围巾最先吸附了茜草中的暗色与黄色成分之后，后面的红色相才会越来越明确。

▲ 图 2-31　　　　　　▲ 图 2-32　　　　　　▲ 图 2-33

图 2-34 是三条羊绒围巾在同一锅茜草染色，从左到右依次为初染液、次染液、三染液的不同色彩呈现，初染液呈现淡紫色，次染液呈现浅黄橙色，三染液呈现橙红色。图 2-35 为两条羊绒白坯同时染色，呈现橙红色，即使多次复染，也染不出茜红色。戒指绒可以吸附茜草中极少极少的紫色素，但红色素上色不如羊毛，羊绒对茜草中黄色素和红色素的吸附程度差不多，呈现柔和的橙红色相，染不出茜红色。

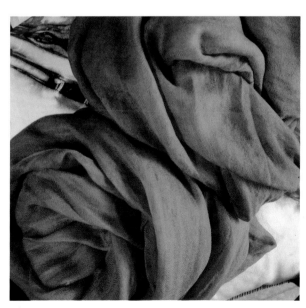

▲ 图 2-34　　　　　　　　　　　　▲ 图 2-35

**不同顺序的槐米染色变化**

采用先染后媒方式；60克槐米花，4000毫升水；明矾15克，3000毫升水，温水化开水；水开后将槐米小火煮30分钟，温度70～80℃时浸染，羊毛围巾白坯先经过清水浸湿一个小时以上，可以轻柔抓揉一会，使面料完全浸透。

第一条，呈现稍暗的黄色，低纯度的黄褐色，如图2-36；第二条，呈现最明亮的黄色，靓丽的高明度金黄色，如图2-37；第三条，呈现发绿的黄色，或者叫做浅绿色，如图2-38；三条同时浸染，色相几乎没有什么差别，都会呈现较内敛的黄绿色，既不明亮又不暗淡，平淡无奇中自有一份温润气质，如图2-39。

媒染、浸染顺序都不同，即使相同的染液与材质也会呈现差异很大的颜色，下面两条羊毛围巾在经过了媒染、浸染顺序差异性染制后，又都在同一染液中经过了多次复染，但色相的差异性越来越大，说明第一次的染制过程最重要，色相基本定型。图2-40为先染后媒，初染液，呈现较暗的烟红色，图2-41为先媒后染，次染液，呈现茜红色。

## 4. 染色次数

古书关于染色次数的记载，"一染谓之縓，再染谓之赪，三染谓之纁"，縓、赪、纁说的都是逐级加深的红色相，只是浓度和偏色有差异，染色次数越多，颜色越深。植物染的染色次数

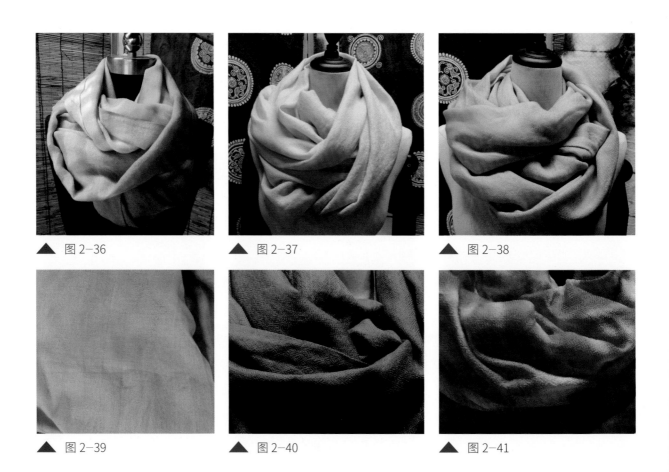

▲ 图2-36          ▲ 图2-37          ▲ 图2-38

▲ 图2-39          ▲ 图2-40          ▲ 图2-41

对于织物色彩的呈现具有举足轻重的作用，大多数染色都需要进行复染，即再次染色，甚至多次复染才能逐渐加深颜色。有学生染色时很疑惑：染四次半小时，为什么不一次浸染 2 个小时呢？原因有三：首先，很多植物染料与植物纤维的亲和力不够好，浸染一次的色素吸附是有限的，浸染半小时跟浸染 1 小时、2 小时的色素吸附力差不多；再有，很多需要媒染或氧化完成的植物染色，浸染以后再媒染上色或完全氧化后才算是完成一次色彩变化；最后，真丝、羊毛这些蛋白质纤维不耐久泡，尤其作为酸性纤维的这些织物在碱性染液中绝对不能长时间浸染，甚至可能需要多次急浸急出，才能既不破坏纤维，又能加深颜色。麻纤维可长时间在酸性染液中浸泡，在碱性染液中同样不能浸染时间太长。

▲ 图 2-42

图 2-42 为蓝靛扎染的羊绒围巾，在蓝靛液中需要快进快出才不会破坏羊绒材质，左边深色需要 4 ~ 6 次浸染，右边 2 次浸染即可。

图 2-43 为茜草染色的真丝弹力双乔面料，图右浅红色为茜草 3 次染色，图左茜红色为茜草 6 次染色。

▲ 图 2-43

## 5. 温度掌控

这里所指温度包括染液温度和季节气温，根据染色温度划分，分为冷染、温染和热染三种形式，冷染指染液在常温状态，煮染过的染液放凉后染色也叫做冷染；温染指煮好的染液放置到一定温度再进行染色，不进行恒温加热；热染指将煮好的染液进行加温，使其保持指定的恒温状态再进行染色。

每种植物染料都有一个最佳的染色温度，即使是冷染的蓝靛染，其染液活性也受到季节气温的一定影响，气温过低或过高时染液活性都不好，最佳气候温度为十几到二十度。因地方气候的差异，贵州大山里的蓝靛工坊四季均可染色，而苏州、南通传统蓝染工坊一般 6—9 月酷暑时期就停工。笔者在盛夏时节做的真丝蓝染，上色效果的确不如其他季节好，春季和秋季是最适宜蓝染的季节。

需要煮染的染料倒是不受季节温度的影响，其自身的染色温度对上色效果起了很重要的作

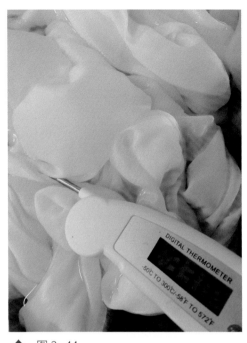

▲ 图2-44

用，不同的染料和面料适宜不同的染色温度。棉麻面料除了适于蓝染外，还可以进行温、热染，甚至可以高温热煮。如棉麻进行茜草染色时，先做明矾媒染，可80℃恒温热染半小时到一小时，染液逐渐放凉后再取出面料；做槐米染色时，40℃温度浸染再媒染即可。羊毛羊绒冷、温、热染均可，热染适宜温度为70～80℃。真丝面料冷、温、热染均可，热染适宜温度为40～80℃。羊毛羊绒面料染色要诀是"热进热出，冷进冷出"，热进热出，指在热染液状态下，面料要快进快出，尽量不要长时间浸染，几分钟即可，羊绒面料甚至要更短的时间，可以多次复染；冷进冷出，指面料浸染在冷染液状态时不要加热，每次染色时间可以加长至半小时。羊毛在染色中加热既容易被烫坏，还可能会产生不均衡缩水，就是某一局部缩水，呈抽缩状态。

明矾加水稀释温度不宜超过50℃，温度太高会破坏其媒染效果，冬季水温过低不好溶解，可以用温水化开，如图2-44。

图2-45为两块茜草染真丝弹力双乔面料，左图为第一次热染（热染指恒温加热，70℃）一小时，右图为第一次温染（温度50℃左右时浸泡面料，不恒温加热）一小时，明显可以看出，热染的上色度要高于温染。

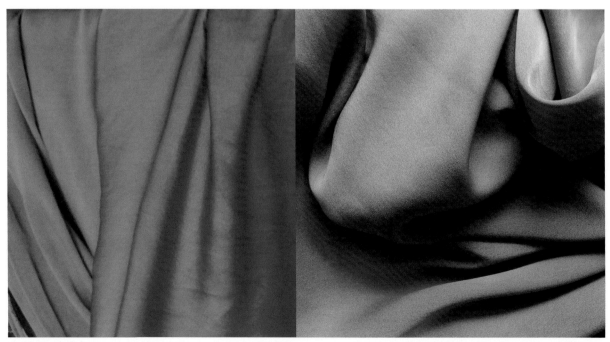

▲ 图2-45

草木之色

草木之色

古人将色彩与大自然的季节变换联系起来，根据"阴阳五行"学说，衍生出各自的色彩象征，水、火、木、金、土，分别对应黑、赤、青、白、黄，此五者为正色，最高贵的颜色，古人将色彩用来区别贵贱等级的不同。春秋战国时期的史书《尚书·益稷》："以五采彰施于五色，作服。"五色指正五色，五色另一个广义的说法，是泛指五颜六色。《周礼天官冢宰典妇功/夏采》记载："内司服掌王后之六服，祎衣，揄狄，阙狄，鞠衣，展衣，缘衣，素沙。"《周礼注疏》释曰，祎衣"其色玄"，揄狄"其色青"，阙狄"其色赤"，鞠衣"黄以土色"，展衣"色白"，缘衣"色黑"，都以白纱为里。王后六服中五色俱全，各有用意。《礼记月令》详细记载了不同季节天子应服之色：春季"衣青衣"，第三个月时，"天子乃荐鞠衣于先帝"，天子向先帝进献桑黄色的衣服，祈求蚕事如意；夏季"衣朱衣"；秋季"衣白衣"；冬季"衣黑衣"。

与正色相对应的是间色，两正色相混可成间色。《礼记·玉藻》曰："衣正色，裳闲色，非列采不入公门。"闲色指间色，衣要正色，下裳为间色，没有穿正色服装是不能进入公门的。孔颖达疏："皇氏云，正谓青、赤、黄、白、黑，五方之色；不正谓五方间色也，绿、红、碧、紫、骝黄是也。"骝（liú）黄，即流黄或留黄，褐黄色。还有一种间色说法是：绀（红青色）、红（浅红色）、缥（淡青色）、紫、流黄（褐黄色）5种正色混合而成的颜色。

古代服饰染色的染料，主要分为两种，一种是天然矿物，一种是植物染料，一般用天然矿物染色称为"石染"，植物染色称为"草染"。矿物染出现的最早，后来逐渐被植物染所替代，矿物质染料获取不易，植物染料不仅采集、获取都便利，且可再生，属于取之不尽的有机健康原料。古人染色用的天然矿物染料主要有染赤褐色的赭石，染朱红色的朱砂，在《考工记·钟氏》中曾经记述用朱涂染羽毛："锺氏染羽，以朱湛丹秫三月，而炽之。"郑注："湛，渍也。丹秫，赤粟。炽，炊也。淳，沃也。以炊下汤沃其炽，稀之以渍羽。渍犹染也。""朱"指朱砂，将朱砂和红色高粱浸在水中，三个月后用火炊蒸，以蒸朱砂和丹秫的汤浇在所蒸物上，再蒸一次，然后可染羽。天然矿物质染色不同于可水溶的有机植物染料，其需要研磨成特别细腻的粉状，跟天然黏合剂混合成色浆后再用做染料。纯正的天然朱砂为汞的化合物，遇火加热会释放出有剧毒的汞蒸汽。明代的《神农本草经疏》记载："若经火及一切烹炼，则毒等砒硇（náo），服之必毙，"汞进入体内会引起肝肾损害，并直接损害中枢神经系统。现代一些学者对此朱砂染色提出了质疑，认为此处的"朱湛"应该指的茜草类的植物染料。

《礼记·玉藻》里对染色已经有了明确而精细的生产分工，专门设置了官职："掌染草，掌以春秋敛染草之物。"郑玄注："染草，茅蒐、橐芦、豕首、紫茢之属。"茅蒐指染红的茜草，橐（tuó）芦指可染黄的黄栌，紫茢（liè）指可染紫的紫草，豕首（shǐ shǒu）指天石精，染色不明。疏曰："言'之属'者，更有蓝皁、象斗之等，众多，故以之属兼之也。"还有蓝（染蓝的蓝草）、象斗（可染黑的皁斗）等众多植物染料。

明代宋应星的《天工开物·彰施》一篇，对当时的染色工艺做了最科学、系统的记载和总结，虽然只记录了二十多种色彩的染色技法，但其中所蕴含的染色原理让人受益无穷，笔者就从中汲取了一些染色灵感，拓展出了许多创意色彩。《礼记·礼器》记载："甘受和，白受采。"甜容易调味，白容易上色。宋应星曰："间丝、麻、裘、褐皆具素质，而使殊颜异色得以尚焉。"白居易在《缭绫》诗中云："织为云外秋雁行，染作江南春水色。"织做精美的纹样，染成绮丽的色彩。

植物染不能以貌取色，自然界众多拥有艳丽、奇异色泽的植物，其实并没有什么染色功能，真正的植物染料，反而外貌极其平凡，与最后呈现的色彩可以说是千差万别，根本想不到能染出如此靓丽的色彩。植物染服饰色彩设计兼具科学与艺术思维，染色技术其实并不复杂，可以汲取古人几千年的智慧总结，再经过长期实践，不断积累、沉淀，每个人都可以成为艺术家，在素质天然材料上任意挥洒植物染色，或浓或淡，或粲然或沉静，都可以信手拈来，这种自我掌控，随时变化的创意，让人乐在其中。每次看到这些充满朝气的纯手工植物染，都像春风拂面般的舒畅，富有生机，很多极其自然的色调经常会有芳香飘逸的错觉，其实最多只有草木清香。

## ◉ 红色染 ◉

红色在中国传统服饰色彩中属于正色，曾是身份地位的象征，越是纯正的红越尊贵，同时具有驱鬼避祟的寓意。现在的红色是吉祥、喜庆、激情的象征。

古代的红色系色彩名称最多，如代表红色的赤字旁名词有：赪（chēng）、赩（xì）、烔（tóng）、糖（táng）、赫、赭等；简体字"纟"（sī）旁与繁体字的"糹"（同糸 mì）旁都表示与线丝等有关，代表红色的纟旁和糹旁名词有：红、绯、絑（zhū 古同朱）、绻（quán）、纁（xūn）、绛等。

### 朱

朱，也称丹色、朱红色，是红色系中亮度与纯度最高的一种红色，古代最高贵的正红色就指朱色，比赤色更鲜亮、醒目。用朱砂染色的色彩才是正宗的朱红色，这种矿物质的红，其覆盖性、鲜亮性与持久性都是植物染不可比拟的，著名的朱红菱纹罗曲裾式丝袍（西汉）历经两千多年依然艳丽得让人惊叹。因纯正的朱砂有毒，古人早已不再应用其进行服饰染色。

《礼记月令第六》记述夏季三个月的天子礼仪："天子……乘朱路，驾赤骝，载赤旗，衣朱衣，服赤玉。"天子乘坐朱红色的车子，车前驾着赤色的马，车上插着绘有赤龙的旗子，穿着朱红色的衣服，佩戴赤色的饰玉。《读书杂释》之"三礼·衣朱衣"篇中，提到孔颖达所疏："色浅曰赤，色深曰朱。"是因为"路与衣服人功所为，染必色深，故云朱。玉与亚马自然之性，皆不可色深，故云赤。旌旗虽人功所为，然染之不须色深，故亦云赤。"笔者认为这里说的"浅"有减的意思，"色浅"应该指色相相减，纯度不高的意思，"深"指程度高，"色深"则指色相纯度高，人工染制可以随心所欲染出很纯正的红或不纯的红，而玉和马都是自然本色，不可能有高纯度的红色。

## 赤

赤是比朱色稍深的红色。成书于东汉的我国第一部字典《说文解字》解释："赤，南方色也。"《尚书·洪范·五行传》："赤者，火色也。"

## 绛

绛，《说文》解释："绛，大赤也。"清朝的段玉裁注释："大赤者，今俗所谓大红也。上文纯赤者，今俗所谓朱红也。朱红淡，大红浓。大红如日出之色。朱红如日中之色。日中贵于日出。故天子朱市。""纯赤"即朱红才是正红色，"淡"应该是指色彩明度高，"浓"则相反，从比喻中也能看出，"日中之色"要亮于"日出之色"。绛色应该指比正红色发暗的红色，也就是深红色。

## 绯

《说文解字》中新附解释："绯，帛赤色也。"《新唐书》言："而衣绿袍更十年，至绯衣乃易。"绯衣在这里指古代的官服，"绯"应该是跟赤色差不多的一种红色，而不应当指浅红色。

## 红

《说文解字》："红，帛赤白色也。"赤色加白应是浅赤色、粉红色，说明早期的"红"指浅红色，"红裙妒杀石榴花"的红指大红色。

## 彤

《说文解字》："彤，丹饰也。"《诗经·小雅·彤弓》一诗描述了天子赏赐诸侯彤弓的场景，

《荀子·大略》言："天子雕弓，诸侯彤弓，大夫黑弓，礼也。"综上所述，彤指朱红色。

## 赫

《说文解字》："赫，火赤儿。"段玉裁注释："赤之盛、故从二赤。"赫指鲜亮的红色。

## 赭

《说文解字》："赭，赤土也。"赭石是一种暗棕红色的矿物质，古代可染赭石色。《诗邶风·简 兮》："赫如渥赭，公言锡爵。"孔颖达疏："且其颜色如赤，如厚渍之丹赭。"丹赭在这里指赤赭色的土。《汉书·贾山传》："赭衣半道，群盗满山。"赭衣，以赤土染成赤褐色的衣服，为古代囚衣。

明代宋应星所著的《天工开物》之彰施篇专门讲植物染，记载了大红、莲红、桃红、银红、水红诸色皆以红花染之，又记载了红花红色遇到沉香、麝香褪色很快，且遇到碱水或草木灰水就会完全褪掉红色，褪掉的红色水可以倒进绿豆粉里收藏，还能再次用于染红。红花红的提炼非常繁琐，且不适于洗涤，工作室引进了固色良好的染色茜草，尤其是印度茜草能染出很鲜艳的红色，因此笔者始终没有在服饰中应用红花红，也只在冬季服饰中很少应用了一些苏木红。

## 1. 茜草

茜草（图3-1），茜草科茜草属，据《中国植物志》中记载，茜草属有70多种，能染色的

▼ 图3-1

茜草就来源于茜草属，别名：茜根、地血、牛蔓、芦茹、过山龙、地苏木、活血丹、活血草、红茜草、四轮车等，功效作用：凉血，止血，祛瘀，通经，镇咳，祛痰。

茜草染色历史悠久，在中国、中亚、欧洲，几千年前就使用茜草染色了。染色茜草的根为红色，含有茜草素，多为四叶茜，也有比较少见的六叶茜，分布于印度、伊朗、阿富汗等中亚地区，以及我国的新疆、西藏、青海、云南、四川等地，多生于沙地上。《中国植物志》中提到了梵茜草(Rubia manjith Roxb. ex Flem）一词，manjith 源出梵语，意为鲜红色的，古时，中国对印度等地的事物，常冠以梵字，因此梵茜草也可叫做印度茜草，这是染红色最好的一种染色茜草（注：这里说的茜草指的都是茜草根）。

茜草早在商周时期就已经是主要的红色染料，南梁本草学家陶弘景在《本草经集注》中称："此则今染绛茜草也。东间诸处乃有而少，不如西多。"茜草于东方沿海之地较少，而西方内陆较多，可看作西方之草，所以名"茜"。

汉代起，大规模种植茜草。唐代《李群玉诗集·黄陵庙之二》："黄陵庙前莎草春，黄陵儿女茜裙新。"茜裙指的就是茜草染的红裙，中国传统色彩中的茜色指深红色，一种带紫色成分的红色。《天工开物》通篇没有提到茜草，提到的红色染料只有红花和苏木，说明到了明代基本不再大规模使用茜草染红了，虽然红花、苏木的固色效果都不如茜草，但是红色更为纯正，笔者猜测当时所产的染色茜草的红色提取过程繁琐，且经济成本过高，才逐渐被放弃。

茜草属于媒染染料，必须通过媒染的方式才可入红色，媒染剂不同，得到的色彩差异也很大，如用明矾媒染可得红色，绿矾、青矾媒染可得紫色。因染液浓度、染色顺序和时间等因素，红色可能偏黄，也可能偏紫。茜草可以染出多种红色调，从娇嫩的粉到艳丽的红，从温柔、亲切的橙红到大气、高贵的紫红，茜草染色经得起时间的考验，耐洗耐晒，是最适用于服装的一种天然红色染料。茜素是多色性染料，它含有黄色和红色是大家熟知的，其实它还含有紫色，因含量少而被忽略不计了。

茜草根需要先切碎再煮，一般的染色流程为：切碎的茜草根 200 克，加入 4 升水，煮沸后小火保持 30 分钟，过滤出染液，再次加水煮沸半小时，如此反复三次过滤出染液。将先在明矾水中媒染 30 分钟的织物水洗拧干，放入温度在 40 ~ 80℃（根据织物调节温度）的染液中浸染 30 分钟，可重复媒染和浸染过程，次数越多，颜色越深。粉状茜草就更简单了，只需要按比例加水煮沸半小时即可成染液，茜草粉上色效果更佳。

（1）中国茜草

新鲜的茜草根染色应该更好一些，不过中药店晒干的茜草更容易保存。中药店买到的茜草大多是中国产茜草，常生于山地林下、林缘和草甸，多产自中国东北和华北，在俄罗斯、朝鲜和日本也有分布。这种茜草的根多是红黄色或紫红色，基本不含茜草素，不属于染色茜草的范畴，不过，也可以尝试一下它的染色效果，毕竟中国茜草最常见，而梵茜草难觅。

中国茜草仅运用明矾进行媒染基本染不出红色，不管是上色还是鲜艳度，与染色茜草相差甚远，即使多次浸染，还是呈现浅黄棕或者极淡的泛红的浅肉粉色，在阳光下会微微泛红光，略偏橙色，如图3-2中国茜草染色丝棉。

中国茜草要先提炼出茜素才能染出红色，这个过程非常繁杂耗时，古代染坊多把此作为不外传秘方。通过查阅资料发现，有好几种提取茜素的方法，其中古法提取过于繁琐，且成本过高，现代提取方法虽然比古法提取方法简单快捷一些，也需要使用大量的乙醇，笔者并没有进行尝试。

（2）染色茜草

染色茜草采用不同的媒染方式与浸染顺序，可产生千变万化的色彩效果，如羊毛围巾染色，初染液的先染后媒，颜色发暗，呈烟红色，次染液的先染后媒呈现橘色；初染液的先媒后染呈现橙色，复染液的先媒后染呈现红色。以下染色均采用研磨成粉状的印度茜草（图3-3）（注：本书后面所用的茜草均为印度茜草，就不再一一说明）。

**茜色**：指染色茜草染的红色，一般指偏深的红色，属中国传统色彩，如图3-4，就是典

▲ 图3-2

▲ 图3-3

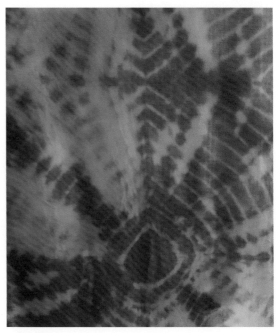

▲ 图3-4

型的茜色。染制方法：羊毛白坯，茜草粉 10 克，清水 3 升，茜草粉常规煮沸后小火煮 30 分钟，染液温度 40℃左右几次复染，每次 5 分钟浸染，明矾媒染，采用先媒后染的方式。

茜红：比茜色要鲜艳又比大红略深的红色，在真丝上可以呈现鲜红色，艳丽多姿，吉祥喜庆，图 3-5 为茜草染真丝弹力双乔，染制方法：茜草粉 25 克，清水 4 升，先媒后染，明矾媒染，恒温 50℃热染，每次 1 小时，4 次复染。图 3-6 是茜草染羊毛围巾，其色要浅于真丝茜红，呈现浅茜红色。

茜粉：茜草染出的粉色，娇俏明媚，浪漫脱俗，图 3-7 为茜草染羊毛围巾，在媒染过茜草的明矾水中浸染即可得到这种淡淡的茜粉色。

▲ 图 3-5

▲ 图 3-6

▲ 图 3-7

橘色：红黄色偏红色，活力而甜美。图 3-8 染制方法：羊毛白坯扎染，先染后媒，明矾媒染，多次复染。

橙红色：图 3-9 为茜草染羊绒围巾，先媒后染两次，明矾媒染。

紫红：图 3-10，戒指绒羊绒白坯，茜草初染液，先染后媒，浸染一次即可，只有高端羊绒——戒指绒的茜草染才能染出此色。

烟红色：烟红色属于低纯度红色，如图 3-11 羊毛围巾，茜草初染液，明矾媒染，先染后媒，复染多次。

▲ 图 3-8

▲ 图 3-9

▲ 图 3-10

（3）茜草染色的深浅变化

成书于战国初年的《周礼·考工记·钟氏》与成书于汉代之前的《尔雅·释器》两本古籍中都提到了根据不同染色次数产生的颜色称谓，"钟氏染羽，以朱湛、丹秫，三月而炽之，淳而渍之。一染谓之縓，再染谓之赪，三染谓之纁""三入为纁，五入为緅，七入为缁"，贾公彦疏："四入为朱""六入为玄"。染一次称縓（quán），《尔雅义疏》中认为"縓色在白赤黄之间"，偏黄色的浅红色（图 3-12）；染两次为赪（chēng），比縓深一度的浅红色（图 3-13）；染三次为纁（xūn），指落日余晖之色，《周易》言"黄而兼赤为纁"，也就是红中带黄的红色（图 3-14）；染四次为朱，正红色（图 3-15 更接近于赤色）；染五次称緅（zōu），深青中带红的赤青色，接近黑色；染六次为玄，"若更以此緅入黑汁，即为玄"；染七次为缁（zī），黑泥之色，黑色。

▲ 图 3-11

笔者对此染法一直甚为疑惑，朱砂作为稳定性好的矿物染料，能够产生如此多的颜色变化吗？笔者感觉此记载的"朱湛"染色变化与茜草染色极为相似，图 3-12—图 3-15 均为重磅真丝弹力

▲ 图 3-12

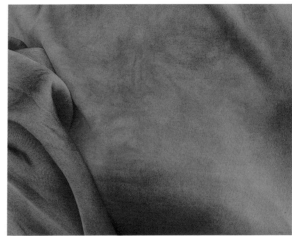

▲ 图 3-13

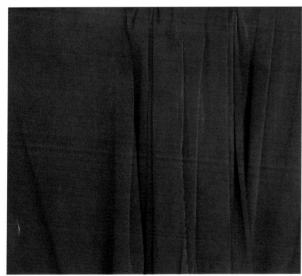

▲ 图 3-15

▲ 图 3-14

图 3-16 ▶

双乔的茜草染色过程，感觉与古人的色彩描述符合度非常高，这里的红色是最受欢迎的一款艳色，因此，重复染色最多，笔者在反复实践中发现，此番描述的染色前四染与茜草加明矾媒染进行复染的颜色变化相仿，第五染与第四染的区别不明显，基本还是保持第四染的深度，图 3-16 为茜草六染成衣效果，确如清代孙诒让所说："染朱以四入为止，不能更深。"笔者认为不能再加深的原因有二：其一，织物吸色已成饱和状态，其二就是染液的红色素逐渐稀少。当然，从浅红色到黑色的染色，还需要借助不同的媒染才能实现，"以涅染缁"，第五、第七染与茜草加青矾媒染或者茜草加蓝靛套染的颜色变化相似。

## 2. 苏木

苏木（图3-17），豆科小乔木，别称苏枋、苏方、棕木、赤木等。原产印度、越南等地，分布于我国云南、贵州、四川、广西等地。干燥芯材可入药，其药用功效：提高人体免疫力、抗菌、抗炎、抗癌等。

苏木是中国古代著名的红色植物染料，含有苏木红素，古人给苏木的红色起了一个专属名称：苏枋色，也叫苏方色、苏芳色，指暗红色。《南方草木状》（晋代嵇含撰）记载："苏枋……南人以染绛，渍以大庚之水，则色愈深。"南方人用苏木来染红色，如果浸入大庚的水，颜色会更深。这里的"大庚"指的是广东大庚岭，富含多种金属矿。绛色指发暗的红色。图3-18为苏木红真丝顺纡绉长巾，发暗的大红色。

▲ 图3-17　　　　　　　　　　　　　　▲ 图3-18

苏木染色比茜草染色更简单、鲜艳，苏木的主要色素成分为苏木精，易溶于水，根据不同的媒染产生各异的色相。苏木染液本身显偏紫的红色，用明矾媒染固色之后面料会变成橘红色，图3-19为苏木染双层绉麻，左图为在苏木染液中浸染时的颜色，右图为媒染过明矾之后的颜色。

图3-20中的两款苏木染真丝电力纺均为明矾媒染，分别采用先媒后染和先染后媒的手法，

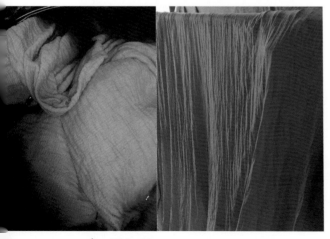
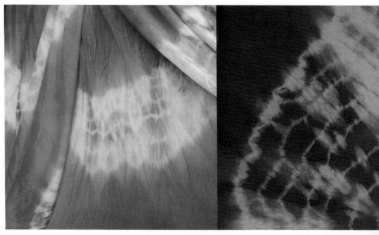

▲ 图3-19　　　　　　　　　　　　　　▲ 图3-20

左图为先染后媒，呈现粉红色，右图为先媒后染，呈现深红的殷红色。

苏木染用碱性水做媒染可以染出更深的红色。《天工开物》记载的木红色（用苏木煎水，入明矾、五倍子）为暗红色，比较适合做苏木这种碱性染料的媒染剂是单宁酸，而单宁酸也叫鞣酸，就是从五倍子中得到的一种鞣质。

真丝、羊毛天然纤维极适合苏木染色，从粉红到大红，可以淡如樱花（图3-21真丝顺纡绉），也可以红到发紫（图3-22真丝顺纡绉）。

苏木粉：图3-23左为苏木染羊毛围巾，右为苏木染真丝电力纺大披肩，两个苏木粉红都很通透明媚，真丝的苏木粉更偏紫偏冷。

殷红：图3-24为苏木染真丝电力纺，鲜红色的同时还带着黑，称为殷红，也叫做深红，醒目浓烈，这件殷红色真丝电力纺披肩采用明矾先媒，后在浓度比较高的苏木水中反复浸染了两天。2016年7月中旬开始，我与朋友前往苏杭、南通等地考察面料市场和雕版

▲ 图3-21

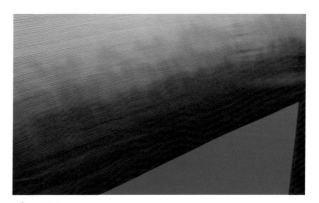

▲ 图3-22

▲ 图3-23

▲ 图 3-24

▲ 图 3-25

蓝染，近半个月的时间，冒着 40℃ 的高温，将苏木大披肩当做防晒头巾、防晒衣来使用，在炎热的阳光下对苏木进行了长时间日晒、汗渍的尝试，每晚加中性洗液清洗，虽然水会发红，但丝巾本身的色相并没有太大变化，更没有发黄。我的学生们曾经用只染了一遍苏木染的真丝做了一条连衣裙，遇汗衣领与后背显出点点黄斑。苏木最大的问题是苏木红的不稳定，遇到汗水会快速变黄，因此不要在夏天或者贴身穿苏木染色的服饰，只要不接触汗水，像苏木染丝巾、羊毛围巾类的固色还是不错的，不过染色越浅越容易褪色，染色深，固色也就更好一些。

紫红：棉织物苏木染更加偏紫，暗暗的紫红色，如图 3-25 为苏木与蓝靛双色染贵州花椒布，当装饰桌布使用了两年，没有清洗过，颜色变化不大。纯棉针织类苏木染色的色牢度很差，即使静置，时间长了也会慢慢褪色。麻织物的苏木染褪色程度比棉要好些，上色也比棉要快。

## 3. 石榴花

蒋一葵的《燕京五月歌》："石榴花发街欲焚，蟠枝屈朵皆崩云。千门万户买不尽，剩将女儿染红裙。"因此，有了石榴花染红裙的说法，还有说石榴裙色是以红花、茜草、苏木等红色染料混染而成的大红色，通过染色实验，笔者感觉后者更有说服力。工作室门前的石榴花（图 3-26），稀稀疏疏从早春一直开到中秋，少有结果。盛夏时节，我们摘了几朵石榴花做染色实验，因染料太少，用的蒸染手法，将石榴花夹在丝棉面料当中，置于锅中架上的几根干树枝上，隔水蒸煮半小时，最后浸入明矾水媒染，石榴花处只染出淡淡的粉色，按照染料与面料的使用量来估算，感觉用一树的石榴花也不一定能染出一件鲜艳的红手绢，因此诗人用石榴花染红裙的说法应该只是形容而已。

## 4. 红花

红花（图 3-27），也叫红蓝花、草红花、刺红花、南红花，菊科，一年生草本，在我国广泛种植，主产于新疆、甘肃、河南等地。自古以来红花用途广泛，可治病可染衣，还可以制作化妆品（胭脂）和食用着色料（特指红花黄色素）。

作为一种名贵的中药材，《唐本草》记载红花"治口噤不语，血结，产后诸疾"，《本草汇言》记载："红花，破血、行血、和血、调血之药也。主胎产百病因血为患，或血烦血晕，神昏不语。"红花可以治疗心脏病、风湿病，活血祛瘀，美白润肤，延缓衰老。

红花主要化学成分为红花黄色素和红花红色素，是天然色素的原料，尤其是黄色素被广泛应用于食品领域。古人认为黄色素没什么染色价值，且认为红花红才是最纯正的真红，且不需要媒染可直接在织物上染色，南唐诗人李中的诗句《红花》："红花颜色掩千花，任是猩猩血未加。染出轻罗莫相贵，古人崇俭诚奢华。"

《齐民要术》《天工开物》中都记载了关于红花红色素的提炼过程：①先将红花装在布袋中，泡在30℃清水或者加了醋的水中（古用乌梅水），将溶解了黄色素的染液倒于干净盆中，重复上面的过程三次，收集了三次黄色素染液；②配制碱性水，草木灰与水的比例为1：10，将100克草木灰倒入1升水的瓶中，充分搅拌，放置12小时以上，倒出上层澄清后的草木灰水；③将装有去掉

▲ 图3-26

▲ 图3-27

黄色素的红花布袋，放入草木灰水（碱水）中揉搓，澄出红色素，将红色染液倒入干净盆中，用此法提炼三次红色素；④将面料放入红色染液中染色，最后加入乌梅水固色。

## ☽ 黄色染 ☾

中国最早关于黄色染的描述，应该是诗歌古籍《诗经·七月》中的"载玄载黄"，意思是染

布有黑也有黄。《礼记月令》中"天子乃荐鞠衣于先帝"中的鞠衣颜色，郑玄注："鞠衣，黄衣也。""鞠衣，黄桑服也，色如麹尘，象桑叶始生。"贾公彦疏："云'象桑叶始生'者，以其桑叶始生即养蚕，故服色象之。"麹同曲，酒曲上所生菌，因色淡黄如尘，所以古人喜用麹尘形容浅黄色，白居易的诗中多次用了麹尘一词指代淡黄色，如"峰攒石绿点，柳宛麹尘丝""千房万叶一时新，嫩紫殷红鲜麹尘""细篷青簟织鱼鳞，小眼红窗衬麹尘"。

鞠衣的黄色采用何种染料，笔者没有查到确切的记载，从《诗经》中只找到了当时的一种黄色植物染料——荩草，《小雅·采绿》："终朝采绿，不盈一匊。"《说文解字》段玉裁注："小雅，终朝采绿，王逸引作菉。"绿同菉（lù），菉为荩草，《本草纲目》："时珍曰：此草绿色，可染黄，故曰黄、曰绿也。""《别录》曰：荩草，生青衣川谷，九月、十月采，可以染作金色。"荩草也称黄草、绿竹、王刍。可染出金色说明其染色很鲜亮，当时的鞠衣很可能用的荩草染色。到了秦汉时期，运用栀子染黄盛行，后来黄色染料又有了姜黄、柘木、槐米、黄檗等。北宋时期的《乐府诗集·陌上桑》中描写少女的穿着"缃绮为下裙"，《说文解字》"缃，帛浅黄色也"。说明当时的黄色染已经非常普及了。

东汉班固撰《白虎通义·号篇》云："黄者，中和之色，自然之性，万世不易。"《史记·五帝本纪第一》称轩辕氏"有土德之瑞，土色黄，故称黄帝"。国人都知道黄色在封建王朝为御用之色，被视为君权的象征，因为五行之中"土为尊"，而"土色黄"。在唐朝以前，黄色并不是帝王的专用色，《隋书·礼仪七》第一次明确了品官服色等级："五品已上，通着紫袍，六品已下，兼用绯绿，胥吏以青，庶人以白，屠商以皂，士卒以黄。"士兵的服色为黄，且品官、士庶都可服黄。《新唐书·车服志》记载："初，隋文帝听朝之服，以赭黄文绫袍……与贵臣通服。"隋文帝时期，皇帝的朝服为赭黄色，此时并没有限制高品官服用。其实，士卒的服黄与皇帝的赭黄色根本不是一种黄，赭黄是黄中带赤的颜色，比普通的黄色要深。"至唐高祖，以赭黄袍、巾带为常服……既而天子袍衫稍用赤黄，遂禁臣民服"。唐高祖常服用赭黄色，正式禁止臣民服饰使用，赭黄色自此成为帝王皇族的专用色（清朝皇帝服用明黄色）。等到了明清时期，禁黄范围更加广泛，所有黄色都不许臣民使用，除非特赐。

《天工开物》记载："金黄色（芦木煎水染，复用麻稿灰淋，碱水漂）。"查阅资料显示"芦木"是已经灭绝的远古植物，所以此芦木指的应该是黄栌木，其根含小檗碱，同黄檗一样可以染黄，黄栌木的根茎枝叶均可入药，主要功效是清热燥湿、解毒、散瘀止痛、抗菌消炎等。还有一种说法是黄栌和苏木套染可成赭黄色。

千变万化的黄色染，或纯洁，或成熟，或华贵，就如，同样的黄檗染，可以呈现真丝的华丽、张扬，也有纯麻的纯洁、低调。

## 1. 栀子

栀子（图 3-28），属于茜草科栀子属，主要分为山栀子和水栀子两个大品类。山栀子的果实呈椭圆形或卵圆形，长 1.5～3.5 厘米，直径 1～1.5 厘米，外表黄棕色或红棕色，有药用价值，具有清热利尿、凉血解毒、护肝、利胆、消肿等功效。水栀子果实呈长椭圆形，比山栀子大，长3～5.5厘米，直径1.5～2厘米，外表红褐色或红黄色，适用于染色（注：下面说的栀子指的都是植物水栀子的干燥成熟果实）。

▲ 图 3-28

秦汉时主要用栀子染黄，《史记.货殖列传》言："带郭千亩亩钟之田，若千亩卮茜……此其人皆与千户侯等。"郊外有亩产一钟的千亩良田，或者千亩栀子、茜草……诸如此类的人，其财富都可与千户侯的财富相等。成书于东汉末年的《汉官仪》记有："染园出栀、茜，供染御服。"由此可看出栀子是当时非常重要且贵重的染料。

水栀子果实中含有栀子黄色素，易溶于水，属酸性染料，最适合真丝、羊毛这些蛋白质纤维染色，栀子黄非常靓丽华美，不需要媒染，染色工艺简单。栀子果实磨成的粉（图3-29），上色既快又艳。栀子染浓稠的赤黄，奔放而热烈，带着成熟的魅力直入心脾，栀子黄在阳光下微微泛红光，如图3-30，缺点是不耐日晒和浸泡水洗，上色容易褪色也快。

▲ 图 3-29

▲ 图 3-30

## 2. 黄檗

黄檗（bò）（图3-31），可写作黄檗，别名黄柏、檗木、黄檗木，芸香科黄檗属，主要产于华北、东北地区。《说文解字》："檗，黄木也。"树皮内层经炮制后可入药，黄檗含小檗碱，有较强的抗菌作用，功效：泻火解毒，清热燥湿，泻肾火等。

黄檗色提炼简单，树干热煮加明矾媒染即可，其还具有驱虫防蛀的功效，因此，古代的黄檗染色很盛行，除了染制衣服，还

▲ 图 3-31

用黄檗染黄麻纸。唐代诗人李贺曰："头上无幅巾，苦檗已染衣。"南朝宋诗人鲍照的《拟行路难》曰："锉檗染黄丝，黄丝历乱不可治。"《天工开物·彰施》中记载了三种黄檗的染色："鹅黄色：黄檗煎水染，靛水盖上。""豆绿色：黄檗水染，靛水盖。今用小叶苋蓝煎水盖者，名草豆绿，色甚鲜。""蛋青色：黄檗水染，然后入靛缸。"采用的都是黄檗＋蓝靛的套染形式，单纯的黄檗色极其明艳，最大的缺点就是抗晒效果差，与蓝靛套染之后能够改善抗晒性。

▲ 图 3-32

黄檗可染出最为纯正的亮黄色，极为悦目，但稳定性差，不耐晒，在日光下容易褪色，或产生一些化学反应而变暗，变成黄棕色，维生素 C 为天然抗氧化剂，可以在黄檗染料中加入维生素 C 进行染色，还可以运用维生素 C 溶液在黄檗染完成并阴干之后，再进行后期浸泡处理，图 3-32 中的黄檗染真丝顺纡绉长巾应用了第一种方法，颜色更鲜亮，明亮的黄色有着让人神摇目夺的明媚、惊艳。黄檗染即使做过抗晒处理，其耐晒性还是不如槐米，因此在服饰设计中要慎用黄檗黄色（注：维生素 C 与水的浓度配比为 4 克 / 升）。

**素馨黄**：即黄素馨的花色，与迎春花非常相似，极其明媚灿烂的明黄色，黄檗加明矾进行媒染可染

▲ 图 3-33

出明黄色，真丝染色最佳，如图 3-33 所示，黄檗染真丝双绉的明艳程度毫不逊于迎春花。维生素 C 溶液可以增加黄檗色的抗晒性，图 3-33 的黄檗染双绉在做成衣服后，在维生素 C 溶液中浸泡，有褪色效果，防晒色牢度会更好一些，如图 3-34，其色更加柔和。纯麻黄檗染不如真丝华美、张扬，更显亲和质朴特质，如图 3-35。

▲ 图 3-34

▲ 图 3-35

## 3. 槐米

　　槐树可以说是中国种植最为广泛的树种之一了，全国各地均有栽培，尤以中华文明发源地的中原地区为多，如河北、山东、河南等地。槐树在古代是地位与吉兆的象征，也是怀祖寄托，《周礼·夏官·司爟》说古代帝王"冬取槐檀之火"，是为了"以救时疾"。

　　槐米（图 3-36）指国槐树的花蕾，《本草纲目·木之二》中李时珍说槐米"其花未开时，状如米粒，炒过煎水染黄甚鲜"。炒槐米，就是将新鲜槐米加热干炒，去除水分后可长期保存。槐米染色适宜采用先染后媒的方式，棉麻丝毛均可染，丝毛效果最佳。图 3-37 全部

▲ 图 3-36

▲ 图 3-37

为羊毛围巾的槐米染，颜色变化丰富。

**茧黄色：** 如图3-38真丝围巾，槐米初染液，先染后媒，茧黄色温柔平和、淡然从容。

**槐米黄绿：** 如图3-39，为槐米的典型色，非常像新鲜槐米的本色，带着香甜的田园气息，恬淡而柔和。两块槐米黄绿的真丝双绉，上为浅槐米黄绿，下为深槐米黄绿，均是先染后媒，浅色只染一遍，浸染时间短，深色染两遍，浸染时间稍长。

**金瓜黄：** 如图3-40，槐米染饱满的金黄，带着愉悦的灿烂芳华，好像散发着沁人心脾的清香，观之心旷神怡，此色也叫金瓜黄，只在纯羊毛围巾上呈现过。毛织物最佳染色温度70～80℃，染料与水的浓度10克/升，先染后媒。

**柠檬黄：** 如图3-41，闪亮的鲜艳黄色，水嫩诱人，扑面而来的春意盎然，材质为真丝顺纤绉，先染后媒。

▲ 图3-38

▲ 图3-39

▲ 图3-40

▲ 图3-41

▲ 图3-42

**蝶黄：** 如图3-42，指黄色蝴蝶兰的亮黄偏绿色，其色有着引人注目的娇嫩、洁净，蕴含着风华正茂般的光彩，让观者心情舒畅，不由自主的快乐起来。

**初熟杏黄：** 如图3-43为槐米染羊绒衫，杏黄为黄色微红的中国传统色彩，初熟杏黄比成熟的杏黄色要浅，没有泛红，这个颜色凸显了羊绒温暖柔和的质感与女孩的甜美气质。

图 3-43

### 4. 红花

红花（图 3-44）既可染红也可染黄，其主要化学成分为红花黄色素和红花红色素，红花黄色素是一种很好的天然食品色素，同时还具有扩张冠状动脉、镇痛、抗炎、抗氧化、降血压等功效。红花黄色素染黄非常简单，极易溶于水，清水浸泡就能得到黄色素，染液温度 80℃左右时染色性最好，明矾媒染，适于真丝、羊毛织物染色。红花黄的缺点是不耐日晒，固色效果不如槐米。

**红花黄**：如图 3-45，桑蚕丝上的红花黄色泽艳丽，但比素馨黄和柠檬黄更柔和、水润，采用先媒后染的方式。

**浅茉莉黄**：如图 3-46，羊毛红花黄染色比传统的茉莉黄要浅，淡淡的鲜黄色更具轻盈通透、纯净淡雅的感觉，采用先媒后染的方式。

图 3-44

图 3-45

图 3-46

### 5. 柘木

柘木（图 3-47），又名桑柘木、柘桑、黄桑、疟腮树等，桑科植物，古时的名贵木料，柘木也具有中药价值，"柘能通肾气"，还有化瘀止血、清肝明目等功效。

"闲著五门遥北望，柘黄新帕御床高。"（唐代王建《宫词》）中的"柘黄"指用柘木染出的赤黄色，专指帝王之服色。李时珍在《本草纲目》中对柘木有过描述："其木染黄赤色，谓之柘黄，天子所服。"柘木染色不需要媒染，属于酸性的直接染料。

柘黄：图 3-48 柘木染真丝双绉，40 克柘木，3 升清水，提前浸泡 30 分钟，煮开后小火 1 小时，用了一条幅宽 114 厘米，长为 20 厘米的小块真丝双绉试染，低温热染 1 小时，复染 2 次，不需任何媒染，因染液浓度较淡，染出的赤黄色不是很深，在阳光下泛红色。

▲ 图 3-47

▲ 图 3-48

# ◉ 青与蓝 ◉

古代正五色中的青色，跟蓝色是有区别的，青色有点像蓝色和紫色混合而成的颜色，即泛紫的深蓝色。

战国时期的《荀子·劝学》曰："青，取之于蓝，而青于蓝。"蓝指染蓝草，"青"指靛青色，蓝草加工后的成品靛蓝染出来发紫色的蓝色就是靛青色，由此可知，此时已经使用发酵还原技术了，不过，有确切文字记载的制靛技术，来自于北魏时期贾思勰著的《齐民要术种蓝》。《新唐书·车服志》记载，当时的八品官服为深青色，九品官服为浅青色，后来因为"深青乱紫"，深青色容易跟紫色混淆，所以又将官服改为绿色。

《诗经·小雅》诗曰："终朝采蓝，不盈一襜。"《说文解字》曰："蓝，染青草也。"从部首看，古时蓝字的本义指染青色的染草，后来慢慢演变为一种颜色的代称，《尔雅·释鸟》中有"秋鳸窃蓝"一说，"鳸"（hù）指鸟，《转注古音略》注："窃，即古浅字……窃蓝，浅青也。"

## 1. 蓝靛

蓝靛指的是染色蓝草加工而成的成品，属于氧化还原染料，常用的蓝草有马蓝、菘蓝、蓼蓝、木蓝。

成书于夏朝或战国时期，我国现存最早的传统农事历书《夏小正》中载"五月：启灌蓝蓼"，一般认为"蓝蓼"指的就是"蓼蓝"，笔者认为，"蓝"应该指蓝草，"蓼"指的才是蓼蓝，古时一般将染蓝草统称为"蓝"，指出"蓝"和"蓼"应该是因为此时的蓝草和蓼蓝染的颜色不同，蓝草不管是应用鲜叶浸染法还是酒糟发酵法，都可以染出蓝色，而蓼蓝采用鲜叶浸染法只能染出"碧色"，直到后来发明酒糟和石灰发酵法后，才大量应用蓼蓝制作蓝靛，唐朝《新修本草》中明确记载了"菘蓝为淀，惟堪染青；其蓼蓝不堪为淀，惟作碧色尔。"北宋的《本草衍义》曰："蓼蓝，即堪揉汁，染翠碧。"蓼蓝只能揉搓出汁液，染出青绿色。由此可见，"终朝采蓝"和"启灌蓝蓼"中的"蓝"指的应该是马蓝或菘蓝，此时的蓼蓝还在采用鲜叶浸染法染"碧色"。晋代的《名医别录》记载了一种名为"蓝实"的药材，曰"蓝实，无毒。其叶汁，杀百药毒……其茎叶，可以染青。生河内"。《本草纲目》曰蓝实"乃《尔雅》所谓马蓝者。""时珍曰：马蓝……俗中所谓板蓝者"，菘蓝俗称北板蓝，马蓝俗称南板蓝，均是极好的药材与染料。北板蓝根指植物菘蓝的干燥根，叶子也是一味药材，有清热解毒、凉血消斑、利咽止痛的功效，治温病发热、发斑、风热感冒、咽喉肿痛、丹毒、流行性乙型脑炎、肝炎和腮腺炎等症，是一剂重要的抗病毒中药。菘蓝叶子可提取蓝靛。

到了明代，可以制靛的蓝草已经有了五种，即茶蓝（菘蓝）、马蓝、蓼蓝、吴蓝、苋蓝，《天工开物》记载："凡蓝五种，皆可为淀。茶蓝即菘蓝，插根活。蓼蓝、马蓝、吴蓝等皆撒子生。近又出蓼蓝小叶者，俗名苋蓝，种更佳。"除了苋蓝无法考证以外，菘蓝、马蓝、蓼蓝、吴蓝都有解热毒的功效。

（1）蓝靛色

《天工开物》中记载了蓝靛如何染出青色与蓝色：天青色（入靛缸浅染，苏木水盖）、葡萄青色（入靛缸深染，苏木水深盖）、蛋青色（黄檗水染，然后入靛缸）、翠蓝、天蓝两色（俱靛水分深浅）、月白、草白两色（俱靛水微染，今法用苋蓝煎水，半生半熟染），可以看出三种青色为蓝靛套染苏木或者蓝靛与黄檗套染而成，翠蓝、天蓝都是用蓝靛水染成，只是深浅程度各有不同，淡淡的月白、草白都是用蓝靛水微染。蓝靛不需要套染，也能染出深青色，《天工开物》记载的染毛青布色法，将松江产的上等布，先染成深青色，"不复浆碾，吹干，用胶水掺豆浆水一过"，再放入预先装好的质量最佳的靛蓝"标缸"里，"入内薄染即起，红焰之色隐然"，稍微渲染一下就立即取出，布上隐隐约约带有红光。

蓝靛染色的蓝色到青色之间，可以淡如青烟，也可深如夜空（图3-49均为真丝顺纡绉），蓝靛色分为很多颜色等级，最深色称绀色。蓝靛颜色越深说明浸染时间与次数越多，其固色也就越好。

▲ 图 3-49

蓝靛染液的pH值为9～11，如果没有pH试纸，可观察染液颜色变化，染液黄色程度越高说明碱性越高，蓝色程度高，碱性少，浸染真丝、羊毛这类耐酸面料时一定要密切关注染液的碱性程度，碱性最高时不适合染制。

**蓝色：**如图3-50，蓝靛染真丝顺纤绹，呈现色相纯正的蓝色，介于整个蓝色色阶的中间状态。

**翠蓝色：**如图3-51，同样为蓝靛浅染真丝顺纤绹，蓝靛活性最好的时候可染出非常纯净鲜亮的蓝色。

**月白色：**如图3-52，蓝靛微染纯麻，淡淡的蓝色如月光。

▲ 图 3-50　　　　▲ 图 3-51　　　　▲ 图 3-52

**浅青色：**如图3-53，茜草加蓝靛套染，均微染，再明矾媒染。

**深青色：**如图3-54，茜草加蓝靛套染，蓝靛深染，再明矾媒染。

**绀（gàn）：**如图3-55，绀指带有紫色的深蓝色，是蓝色系中最深的颜色，可以认为绀即青。蓝靛要染出绀色需要反复浸染。《说文解字》："绀，帛深青扬赤色。"古诗句"绀烟迷雁迹""绀色梁衣春意静"中绀字都指的是泛红的深青色。后汉赵岐《蓝赋序》曰："余就医偃师，道经陈留，此境人皆以种蓝染绀为业，蓝田弥望，黍稷不植。"陈留，指今河南省开封市陈留镇，从序中可看出汉代蓝草种植的广泛性。

蓝草制成固体染料，可以存放半年到一年的时间。先将蓝草制成蓝靛泥存放，待要染色时再用草木灰（纯碱也可）和米酒发酵，这样一年四季都可以进行染色。下面以马蓝为例介绍一下制靛过程。

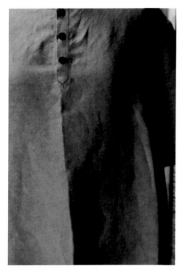  

▲ 图 3-53          ▲ 图 3-54          ▲ 图 3-55

（2）蓝靛工艺过程

马蓝，俗称南板蓝，爵床科板蓝属草本，分布于中国的贵州、江西、广东、广西、云南等省。制作蓝靛用的是茎叶；根茎及叶可入药，有清热解毒、避疫杀虫、凉血消肿的功效。

蓝草收割后（图3-56），通过比较复杂的工序制成可长期保存的泥状蓝靛，北魏贾思勰著的《齐民要术·种蓝》记载了世界上最早的制蓝靛工艺过程。

①泡制发酵（图3-57）："七月中作坑……刈蓝倒竖于坑中，下水，以木石镇压令没。热时一宿，冷时再宿。"准备浸泡蓝草的圆池，割蓝草后堆在池子里，用工具镇压令蓝草没于水下，浸泡三四天后，蓝草充分腐烂。

②打靛（图3-58）："漉去荄，内汁于瓮中。率十石瓮，着石灰一斗五升，急抒普彭反之，一食顷止。"打捞出蓝草的渣滓，按照一定的配比把备好的石灰水倒入池中混合，立即用打靛耙猛力搅浑，经过一两个小时的搅动，直到水面浮起大量的蓝色泡沫才停止。

③沉淀（图3-59）："澄清，泻去水，别作小坑，贮蓝淀着坑中。"

待蓝靛自然沉底后，排出上面的废水，再把大池中的蓝靛放到小池中第二次沉淀，蓝靛沉底后再将小池上层的废水排掉，池底剩下的就是膏状蓝靛。

▲ 图 3-56          ▲ 图 3-57          ▲ 图 3-58

④靛泥成品（图3-60）："候如强粥，还出瓮中，蓝淀成矣。"

把膏状蓝靛汁铲入笿筐中，自然滤除水，风干后放置于存靛缸，可以存放半年到一年。

▲ 图3-59

▲ 图3-60

## 2.洛神花

洛神花（图3-61），又名玫瑰茄、洛神葵、山茄等，是锦葵科木槿属的一年生草本植物，有清热去火、益气活血的功效。

洛神花能煮出鲜艳的染液，真丝顺纡绉先是染出红色（图3-62），一泡入明矾水就被媒染成蓝色，图3-63为洛神花染真丝顺纡绉长巾，为通透清雅的蓝色。没有经过明矾媒染的长巾呈现淡淡的粉红色，但固色不好。

▲ 图3-61

▲ 图3-62

▲ 图3-63

### 3. 紫甘蓝

　　紫甘蓝（图 3-64），俗称红甘蓝、紫圆白菜和紫包菜，十字花科芸薹属甘蓝科中的一个变种。

　　紫甘蓝染色，运用白醋与明矾进行媒染固色，会呈现反差较大的色彩变化，图 3-65 中左为紫甘蓝煮出的深蓝色原液，右为原液加白醋，呈玫红色。图 3-66 中真丝顺纡绉上下两个颜色均为紫甘蓝染色，下端蓝色为原液染，上端淡紫色为加白醋染液染制。图 3-67 淡蓝色真丝顺纡绉，是紫甘蓝染后再进行明矾媒染的效果。

　　图 3-68 实验了加白醋后，再进行明矾媒染的色彩变化，图 1、图 2 是将浸湿过的丝棉面料先在原液中分段浸染深色部分，热染半小时；图 3 是将整个面料浸入加醋的染液中半小时，面料呈现较靓丽的浅紫色；图 4 为最后进行明矾媒染半小时后，呈现出的蓝灰色；图 5 为面料展开效果。

▲ 图 3-64　　　　　　　▲ 图 3-65

▲ 图 3-66　　　　　　　▲ 图 3-67　　　　　　　▲ 图 3-68

# ◐ 绿与翠碧 ◑

古文中的"菉"通绿，指的是一种染黄的荩草，《说文解字》注曰："绿，帛青黄色也。""绿"为青与黄套染而成。绿一词的色相最明确，五代词人牛希济曰："记得绿罗裙，处处怜芳草。"陆游《长干行》诗："裙腰绿如草。"绿罗裙与芳草同色。

"碧"的解释一直比较模糊，《说文解字》曰："碧，石之青美者。"注曰："碧色青白。""碧"一词来源于青白色的玉石。古人还常用碧色来形容水色，明代文学家袁中道形容碧色的青溪之水："如秋天，如晓岚；比之舍烟新柳则较浓，比之脱箨初篁则较淡；温于玉，滑于纨，至寒至腴，可拊可餐。"碧色比青烟、新柳的颜色要浓一些，比脱壳竹笋、新竹颜色要淡一些，比玉色更温和，比白绢更滑润，清冷、丰裕、美好到极致。由此可见，碧色应该指带蓝色的浅绿色，即浅青绿色。

《说文》曰："翠，青羽雀也。""翠"一词来源于翡翠鸟羽毛的颜色，为青绿色。古文中描写山水风景一般多用碧、翠，唐代雍陶："烟波不动影沉沉，碧色全无翠色深，""碧"指水色，"翠"指山色，碧色更水润清透，翠色深于碧色。

李白的《长恨歌》曰："蜀江水碧蜀山青，"这里的"碧"和"青"都指青绿色，"青"除了指前面所说的泛紫色的深蓝色外，还被古人用来形容草木、山色，青色常用作青绿色，碧色浅于青色。

上文中提到过蓼蓝，唐朝《新修本草》与北宋的《本草衍义》都认为蓼蓝采用鲜叶染方式只能染"碧色""翠碧"，这是笔者查阅到的唯一一个可以直接染绿色系列的记载。《天工开物》中记载的绿色有两种染制方式：第一种是采用槐米进行青矾媒染，"油绿色（槐花薄染，青矾盖）"，油绿：发青的油青绿色；第二种是用黄色染料槐米、黄檗与蓝靛进行套染，"大红官绿色（槐花煎水染，蓝淀盖，浅深皆用明矾）、豆绿色（黄檗水染，靛水盖。今用小叶苋蓝煎水盖者，名草豆绿，色甚鲜）。

## 1. 绿色系

### （1）槐米＋蓝靛

槐米＋蓝靛可染出各种绿色系，"春山澹冶而如笑，夏山苍翠而欲滴"，可以说是最为出色的一种染绿方式，棉麻、丝毛面料均可，以桑蚕丝效果最佳。从浅绿到深绿，均采用先槐米再蓝靛的套染模式，绿色的深浅和冷暖取决于染料浓度和浸染时间。图3-69左一为槐米染一次效果（真丝双绉），

▲ 图3-69

左二为槐米多次复染效果（真丝双绉），左三为槐米染再微染蓝靛后的绿色效果（真丝双绉），右一为丝麻经槐米复染加蓝靛深染后呈现的深绿色效果。

**浅绿色：**图3-70为真丝双绉中式长裙，槐米液浸染20分钟，明矾媒染后清洗，入蓝靛染液微染。因为染后没有再浸明矾水固色，一年后，底摆部分的绿已经慢慢开始褪色，露出槐米底色。

**深绿色：**图3-71为槐米加蓝靛套染真丝双绉，雍容华贵、娇丽妩媚，槐米采用先染后媒，明矾媒染，进行多次复染，使其呈现饱满的黄色，清水冲洗两遍后套染蓝靛，浸染蓝靛时间要掌控好，根据面料调整，真丝蓝靛染色时间不宜过长。本款真丝双绉扎染长裙，蓝靛浸染五分钟即可，染后再浸明矾水固色。

**暗绿色：**图3-72丝麻上衣采用吊染与扎染方式，上半部扎染，下半部吊染，由浅入深，最深处浸染30分钟，染后浸明矾水固色；搭配的顺纤绉丝巾同样为槐米+蓝靛套染，如图3-73为第一次套染完的效果，很像一株水灵灵的大白菜，后在边缘又进行了一次套染，加重绿色，增加层次感。

▲ 图3-70

▲ 图3-71

▲ 图3-72

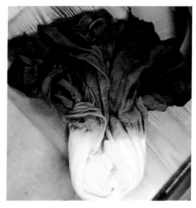

▲ 图3-73

**（2）洋葱皮**

洋葱皮（图3-74）指紫色洋葱的最外皮，煮染之前清洗干净。洋葱皮适合明矾媒染，先染后媒，在真丝和丝棉上可染出鲜亮的黄绿色，在羊毛围巾上发棕绿色，在针织纯棉上发冷灰绿色。

**黄绿色：**图3-75黄绿色丝棉披肩，洋葱皮加明矾媒染。图3-76记录了从叠扎、煮染、明矾媒染的全过程，在没有媒染之前，洋葱皮煮染出的色彩为暗色调——发绿的棕色，浸入明矾水后快速变为黄绿色。图3-77为洋葱皮染黄绿色羊毛围巾，明矾媒染，先染后媒。

（3）青黛

青黛指用马蓝、蓼蓝、菘蓝的叶、茎等加工制成的干燥粉末，中药店即可买到，具有清热解毒、

▲ 图3-74

▲ 图3-75

▲ 图3-76

▲ 图3-77

凉血消斑等功效。极难溶于水，用普通的水煮法不易着色。

**淡冷绿色：**图 3-78 淡冷绿色真丝顺纡绉长巾，以青黛粉为主料，分别采用了青黛＋红花＋紫甘蓝＋五倍子四种材料，左图为刚染色后的效果，非常干净清爽的淡冷绿色，搁置一年以后褪色为右图效果。

（4）荷叶

采用泡水喝的自制干荷叶（图 3-79）对羊绒白坯打底衫进行染色，染料用量较少，呈现淡淡的黄绿色（图 3-80）。

**荷叶染色过程：**

① 25 克干荷叶，4000 毫升水，煮开后小火煮半小时，过滤出的荷叶水呈浅褐色，湿透的羊绒衫浸入染液中；②浸泡 10 分钟后，捞出挤出水分放入明矾水（15 克明矾，2000 毫升水）中轻柔揉抓两分钟，衣服呈现极淡的褐色；③挤干明矾水，再次放入荷叶水中浸染，衣服马上呈现淡绿色；④浸染 15 分钟后，挤干染液放入明矾水中浸泡 15 分钟后，衣服的绿色纯度降低。

（5）天目琼花

工作室门前种植着大片的绿叶灌木丛，查了查原来叫做天目琼花（图 3-81）。采了几片郁郁葱葱的绿叶做了一个

▲ 图 3-78

▲ 图 3-79

▲ 图 3-80

▲ 图 3-81

染色实验，将两个叶片排列于两层布料之间，折叠几层后用捡到的两个硬挺防水材质的硬壳夹住，捆绑固定后，采用热染的方式浸入苏木染液中，煮染 30 分钟，明矾媒染，完成，见图 3-82 左图下，右图为打开效果，可以看到，黄绿色叶子的形状即为天目琼花染色，右图为搁置两年后拍摄的，比前述的生叶染的固色要好得多。

## 2. 碧色

"碧"一词带给人通透、清爽之感，"水色山光皆画本""山光水色暝暝沈沈"中的"水色"指水波的秀色，即浅青绿色，所以碧色有时也被称为"水色"。真丝上的碧色有无法定格的飘忽感，相机都无法捕捉其准确的色相，随着对象的移动，忽蓝忽绿，变幻莫测，

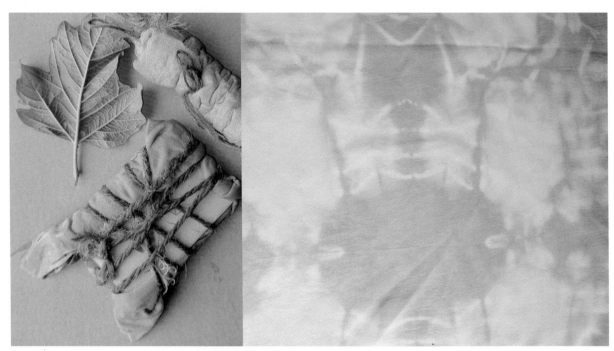

▲ 图 3-82

很有出尘的味道。质感细腻、透明的桑蚕丝雪纺最能展现这种温润迷人的色彩。

碧色实验 1：羊毛围巾白坯两条，均采用先黄后蓝的套染手法：①第一款，先染上浅浅的槐米黄，浸染一分钟，媒染 5 分钟，清洗两遍后，进行快速蓝靛套染，再媒染一次。清冷而安静的颜色，因为材质的原因，欠缺水色的通透感，如图 3-83；②第二款，加长染黄时间，缩短蓝染时间，蓝靛液中一浸即出，如图 3-84。可以看出，第一款黄少蓝多为碧，第二款黄多蓝少为绿。

　　**碧色实验2**：桑蚕丝雪纺大披帛，采用先蓝后黄的套染手法，用蓝靛微染（图3-85），即在蓝靛液中快速荡一下，再在槐米染液中浅浅套染一下，最后放入明矾水中媒染几分钟，即成，如图3-86。图3-85这个浅蓝色晾干后会变得更浅，接近《天工开物》中记载的"月白"之色。

▲ 图3-83

▲ 图3-84

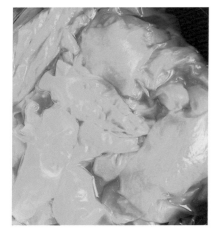

▲ 图3-85

▲ 图3-86

（3）翠色

　　翠色，深青绿色，青翠欲滴、郁郁葱葱都是描写翠绿色，代表着蓬勃的生命力。

　　图3-87为槐米加蓝靛套染真丝雪纺，以黄为底色；图3-88为蓝靛加槐米套染真丝雪纺，以蓝为底色。两者都属于冷色系的青绿色，对比之下，图3-87比图3-88要偏暖一些。

　　图 3-87 的先黄后蓝法步骤：如图 3-89，先在槐米液中浸染 10 分钟（图 1）；明矾水中媒染 20 分钟（图 2）；蓝靛液中浸染 5 分钟（图 3），氧化完成后，再复染一次蓝靛，最后明矾水固色；图 4 为完成后效果。

　　图 3-88 的先蓝后黄法步骤：如图 3-90，蓝靛染 10 分钟后清洗两遍；槐米水浸染 30 分钟，明矾水媒染 30 分钟。

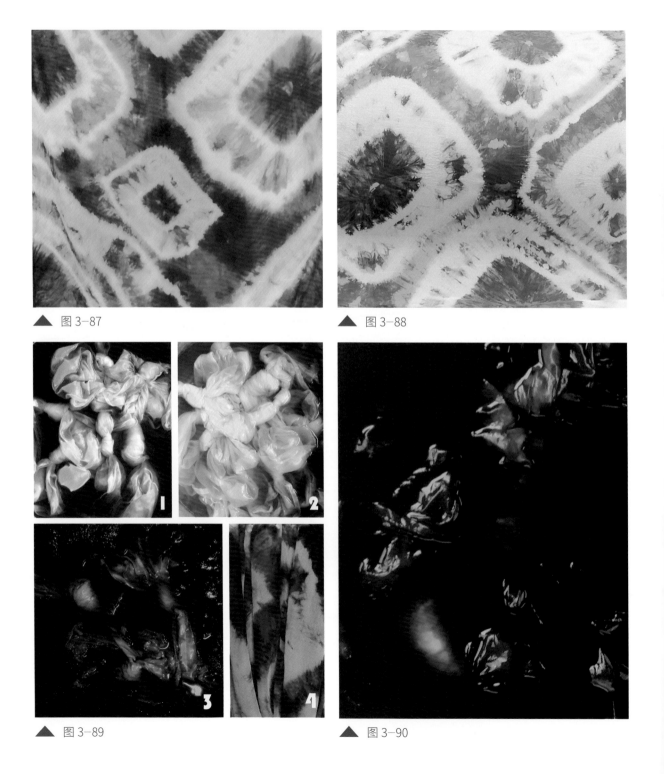

▲ 图 3-87

▲ 图 3-88

▲ 图 3-89

▲ 图 3-90

# ☾ 紫色染 ☽

《说文解字》"紫，帛青赤色"。最早出现崇尚紫服的记载是《韩非子·外储说左上》，曰："齐桓公好服紫，一国尽服紫。当是时也，五素不得一紫。"为了改变这种奢靡的局面，齐桓公对下属做出厌恶紫色染料气味的样子，说明当时的染紫染料是有臭味的，很多学者说是动物染料贝紫。能染出华美紫色的染料少之又少，除了贝紫，还有胭脂虫、紫胶虫，后两种染料更为普及一些。笔者经过几年的尝试，发现植物色怎么也染不出亮紫色。

紫色虽属于间色，但在古代也是高贵之色，《隋书·礼仪七》记载："五品已上，通着紫袍，"到唐高宗时又规定："敕文武官三品以上服紫，金玉带，"南朝宋文学家刘义庆的《世说新语·言语》曰："吾闻丈夫处世，当带金佩紫。"金印紫绶，形容地位显赫。

染紫色的植物，《尔雅》记载："藐，茈草。"茈草，即紫草，《本草纲目》曰："此草花紫根紫，可以染紫，故名。《尔雅》作茈草。瑶、侗人呼为鸦衔草。"紫草根中含有紫草素，也是一味药材，紫草根难溶于水，使染色制取过程非常复杂，且不易着色。《管子·篡茈之谋》曰："昔莱人善染。练茈之于莱纯锱，绢绶之于莱亦纯锱也，其周中十金。莱人知之，间篡茈空，"贩卖紫绢可牟取暴利，而周人利用操纵"莱人"紫绢买卖来达到控制天下的目的，从侧面说明了紫色因染制不易的昂贵性。紫色可通过红+蓝套染完成，也可采用红+青矾染紫。

## 1. 苏木 + 青矾

《天工开物》只记载了一种方法："紫色：苏木为地，青矾尚之。"苏木加青矾媒染可以染出深紫色，如图3-91，均为苏木加青矾媒染，只是深浅不同，下图为苏木微染，青矾急进急出。青矾媒染后的纯度都会降低，呈现灰紫色。

## 2. 苏木 + 蓝靛

图3-92为浅灰紫色真丝顺纡绉，图3-93为丝麻面料的苏木染色（左图）与苏木加蓝靛套染（右图）对比。

## 3. 茜草 + 蓝靛

均采用先茜草后蓝靛的套染方式，图3-94为丝麻的茜草加蓝靛套染，左图茜草深染蓝靛微染，右图茜草蓝靛均微染；图3-95为羊绒染紫，左图蓝靛采用吊染手法进行深染，呈渐变效果，右图团

▲ 图3-91

▲ 图 3-92

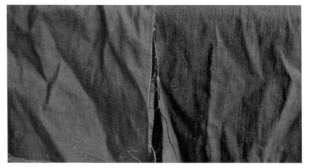

▲ 图 3-93

▲ 图 3-94

▲ 图 3-96

▶ 图 3-95

皱后蓝靛微染，形成不规则纹样；图 3-96 为真丝电力纺大披肩，旖旎浪漫，梦幻恬静。

### 4. 玫瑰花

红色玫瑰花（图 3-97）可染出靓丽的紫色。将快要枯萎的玫瑰花进行染色算是物尽其用吧。玫瑰花用水煮后，再细致地捣成泥状，做了丝棉面料的染色。图 3-98 中的紫色为红玫瑰花染色，粉红色部分为苏木染色，先染后媒，明矾媒染。

▲ 图 3-97

▲ 图 3-98

# ◑ 淡色染 ◐

淡色系包括象牙色（淡黄色）、淡粉色、浅紫色系，象牙色接近于现代色彩中的裸色系，裸色指接近肌肤的颜色，优雅轻盈，含蓄温暖，裸色带着一点浅浅的粉色，清新单纯，舒适柔和。

▲ 图 3-99

## 1. 象牙色

《天工开物》中"象牙色（芦木煎水薄染，或用黄土）"，"芦木"指可染黄的黄栌木。中国茜色与传统色彩中的象牙色很接近，此色取自于象牙的颜色，暖暖的淡黄色，温馨安宁，中国茜色比象牙色的黄色深一些，呈现浅黄棕，在阳光下会微微泛红光，偏点橙色，如图 3-99。

## 2. 浅紫色

印度茜色淡淡的粉紫色，轻盈通透，一尘不染，耐人寻味，但此色最是可遇不可求，因茜草中的淡紫色素稍纵即逝，且只能在最高端的戒指绒羊绒白坯上才能呈现。笔者的染色中，类似色只出过几条，可以说是女性们最爱之色。笔者应朋友所托又试过很多条，但再也没有呈现过这么纯粹明净的粉紫色。染制方法：按照常规煮染法，将茜草粉煮开后小火慢煮30分钟，温度降至80℃左右时，浸入浸湿过的羊绒白坯，在染液中荡开羊绒围巾，几秒钟快速捞出，挤干后放入明矾水中媒染，轻柔揉搓几下即出。

▲ 图 3-100

▲ 图 3-101

**罗兰紫**（图 3-100）：因为感觉此色与罗兰紫丁香的花色很像，故取名罗兰紫，娇柔淡雅、纯净梦幻之色。

**藕荷色**（图 3-101）：浅紫略带粉红，淡雅梦幻之感。

### 3. 茜草染浅粉色

**嫩粉色**（图3-102）：像婴儿肌肤一样娇嫩的淡粉色，与柔软细腻的戒指绒相得益彰，鲜润甜美至极。染制方法：印度茜草，先染后媒，明矾媒染，浸染温度80℃左右，几秒即可。

**肉粉色**（图3-103）：极淡的泛红浅粉色，中国茜多次复染后的效果，清新单纯，柔和素净，染制方法：材质为麻黏混纺，中国茜草，先染后媒，明矾媒染，多次复染。

**樱灰色**（图3-104）：带灰度的粉红色，图3-103中的中国茜染成肉粉色后，再用梵茜草微染，快进快出入青矾水中媒染。这是一种很高级的带点灰度的浅粉紫色。

### 4. 苏木染浅粉色

**藕色**（图3-105）：浅灰而微红，比藕荷色暗一点，美如烟霞轻笼，温柔而清逸，染制方法：

▲ 图3-102

▲ 图3-103

▲ 图3-104

▲ 图3-105

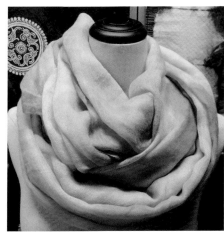
▲ 图3-106

▲ 图3-107

桑蚕丝顺纤绉，苏木加洛神花套染，均微染，先染后媒，明矾媒染。

**苏木粉**（图3-106）：苏木染出的粉色，透亮清澈。

**烟粉色**（图3-107）：指低纯度带点灰度的浅粉色，柔和雅致，苏木与紫甘蓝套染，先染后媒，明矾媒染。

### 5. 薯莨染浅粉色

**薯莨**（图3-108），薯蓣（yù）科薯蓣属藤本植物，块茎富含单宁，是染制传统香云纱的染料，还有活血、补血、收敛等药用功效。

**浅橙色**（图3-109）：真丝双绉多次薯莨染呈现浅橙色。为了薯莨染色，专门买了铡刀，分别实验了冷染和热染。首先用铡刀将薯莨切成细小的块状，再用浸湿过的真丝双绉白坯包裹住切碎的薯莨，尽力揉搓，用木棍拍打，持续半小时，冷染的上色时间较长，这个过程简单粗暴，效果不尽人意，很难染匀，又进行了热染，呈现图3-109的效果。

经验体会：1.冷染时，应该彻底打碎薯莨，榨出染汁才能染色均匀；2.热染时，在染色过程中要不断搅拌，多次复染，若长时间浸泡织物会变花。

▲ 图3-108

▲ 图3-109

## ◉ 棕灰染 ◉

棕灰色，自然、质朴，散发着温暖、怀旧的质感。

### 1. 栗子壳

栗子壳（图3-110）是板栗的外壳，从中可提取棕色素，既可染色，也可作为食品着色剂使用，同时还具有一定的药用价值。《天工开物》记有"用栗壳或莲子壳煎煮一日，漉起，然后入

▲ 图 3-110　　　　　　　　　　　　　　　　▲ 图 3-111

铁砂化矾锅内，再煮一宵，即成深黑色"的记载。

栗棕色（图 3-111）：栗子壳染色羊毛围巾，采用 50 克板栗壳粉，3000 毫升水，明矾水媒染，先染后媒，复染多次。

## 2. 蓝靛 + 茜草

棕灰色（图 3-112）：茜草与蓝靛套染羊绒围巾，呈渐变效果。

## 3. 薯莨 + 铁浆水

烟灰色（图 3-113）：一年前染过薯莨的双绉，没有染匀，放置一年后，进行了铁媒染，如图左为薯莨染，图右为薯莨加铁媒染。首先将薯良染双绉浸湿挤干备用，铁浆水 70 毫升，加入一升常温水，配出媒染液，将双绉浸入后开始逐渐变灰，几分钟翻搅一次，20 分钟后呈现深灰色，浸泡半小时后捞出冲洗两遍阴干，呈现高级烟灰色。

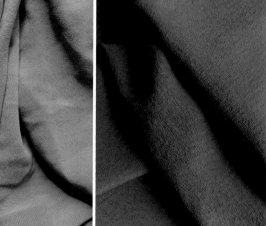

▲ 图 3-112　　　　　　　　　　　　　　　　▲ 图 3-113

纹饰之技

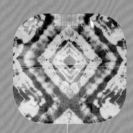

纹饰之技

植物染服饰的纹饰技法主要有扎染、蜡染、夹染、雕版印花等手法，均是我国传统的手工染色技术，主要原理就是防染，被遮挡的面料能保留底色，裸露于染液中的面料着色，如此形成纹样的肌理效果。

## ◖ 扎染 ◗

扎染古称扎缬（xié），是我国最古老的一种染色纹饰技术。扎染指通过绳、线、竹夹、竹板等工具，将面料通过挤、缠、夹、叠、缝等多种手法进行扎绑加工再染色的一种植物染技术。

扎染可说是一种最自然最原始的手工技艺，强调纹样与色彩之间的对比与融合，虚与实、动与静之间的多层次美感，体现自然的生命力。不同的技法呈现各异的视觉肌理效果，具象、抽象纹样都可以实现。扎染作品都具有唯一性，即使用同一种技法和染料，也不可能出现相同的纹样，这就是手工染的魅力。

扎染工具：麻绳（麻绳天然环保，热煮不会产生毒素，可循环使用，尽量固定一种染料染色时使用，如蓝靛染专用麻绳、茜草染专用麻绳等），竹夹子，竹板，镂空模板、针线等，如图4-1。扎染离不开原色麻绳和竹板，这两件工具都可长时间浸泡，浸过相同染液的麻绳可重复使用，注意在捆扎时绑成活结即可。蓝染属于冷染，

▲ 图4-1

可以在染色时应用一些塑料袋作为防染工具，其他染色都需要热染，有时候还需要高温水煮，尽可能避免使用塑料制品。

抽象扎染是最为简单的一种纹饰技法，不过其技法极为多变，且晕色丰富、随意，抽象纹饰强调返璞归真、生动自然的美感，形式上可夸张变形、创意交错、自由延伸，可谓趣味无穷。这种比较随性的手工技艺，更加弱化了人工雕琢的状态，不仅大大丰富了服饰的纹样创意，还赋予了其不拘一格的艺术美感，能够达到浑然天成的效果。

很多扎染纹饰就如抽象画，细腻多变的每一片色彩都浸透着光阴的味道，深浅变化渲染出的音符，流淌着生命的活力，用眼睛去感受染液那定格的瞬间，感受纹样色彩的细微变化，每一次瞩目都有新的发现，有着百看不厌的满足感，可以说是穿在身上的艺术品，如图4-2。抽象纹饰的扎染手法不拘一格，纹样设计随心所欲、变花多端，能产生出人意料的视觉效果，可豪放不羁，可细腻柔美，也可自然稚趣，体现更加开阔、多元的视觉艺术理念。

对抽象形象的联想与创作中，几何形最常被用来表达抽象的概念和形体，平面纹饰美学形态并不复杂，不外乎运用各种手法形成点、线、面三个元素的组合变化。相似元素之间很容易达到和谐，采用重复或渐变形式，可以形成视觉上的律动感，这是一种最为稳定、单纯的组合形式，如线的组合，图4-3为蓝靛扎染羊绒围巾；相对元素之间的变化差异性较大，多采用不对称的形式来达到一种心理上的平衡与和谐感，如各种几何纹样的组合，图4-4为蓝靛扎染真丝雪纺大披肩。单一的基本肌理形态的组合，强调的是肌理本身的形态之美；多种肌理形态的组合，表现出各种肌理形态的对比之美。不同肌理形态的组合搭配可以形成丰富的视觉美感，但要注意把

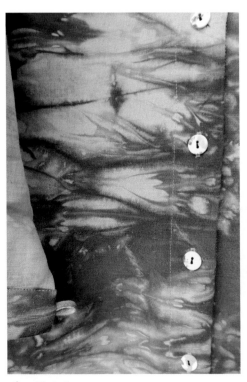

▲ 图4-2

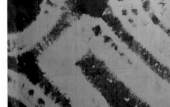

▲ 图4-3

▲ 图4-4

握尺度，否则会产生烦乱、无序的感觉。过于相似的重复容易产生单调感，动与静、虚与实相结合可以打破规矩感，更显活泼、自由、明快。

## 1. 挤扎

把面料从四面往中间挤压，得到一个具有放射性褶裥的造型单元，我们把这个过程叫做挤花，再进行捆扎设计，可形成圆形、环形、椭圆形、菱形或不规则形的纹饰，将挤扎造型单元不断重复，根据不同的排列方式，可以形成各异的形式美感。挤扎纹饰简洁大气、随性多变，具有典型的手工艺术的自然美感。

①图4-5，茜草染色真丝雪纺大披肩，采用不对称方式，随意地在雪纺大披肩上进行多个不同大小造型单元的挤扎，捆绑手挤部位（图1），将整个挤扎好的雪纺面料浸湿，挤干后先入明矾水媒染，30分钟后浸入茜草染液，浸染30分钟，染色后形成变化丰富的白色环形纹样（图2披肩局部），茜粉色与白底色之间的深浅变化自然、和谐（图3）。

②图4-6，茜草与蓝靛套染真丝顺纡绉丝巾，茜草先染后媒，阴干后套染蓝靛。方法：先不

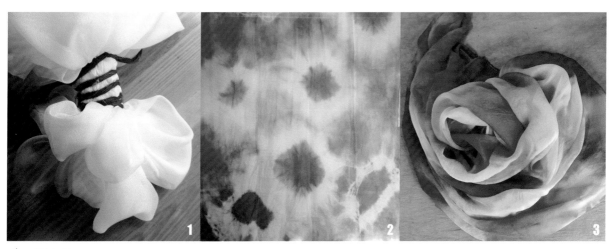

▲ 图4-5

▲ 图4-6

规则挤扎出几个大造型单元（图1），用塑料袋套住没有挤扎的尾部，封口处不要捆绑太紧（图2），挤扎造型部位用清水浸湿，挤干后入蓝靛液中浸染5分钟，可以看出蓝靛染液渗入了封口处（图3），这样的过渡会自然一些，氧化完成后洗净阴干（图中4丝巾局部）。图4-7为佩戴效果，两色相衬，显得青色更冷，红色更暖，这种跳跃式的对比，呈现自由、年轻、激情、活跃的视觉效果。

▲ 图4-7

## 2. 缠绕

用绳子对面料进行缠绕，可形成变化丰富的线状纹样，这是最基础、也是最简单的一种扎染手法，多结合挤扎、叠扎等手法运用。缠绕纹样取决于面料的折叠形式，如采用反复对角折叠后缠绕，可形成活力四射的放射形纹样，如图4-8所示为苏木染真丝电力纺大披肩；采用平叠法缠绕，可形成深浅不一的流水样的纹路，细腻柔美，娴静安逸，如图4-9所示为蓝靛染真丝电力纺大披肩；图4-10均为真丝顺纤绉，右图为蓝靛染规则缠绕，左图为黄檗与蓝靛套染，不规则缠绕，即面料的折叠与麻绳的缠绕均为不规则形态。这些纹样都有很强的随意性，其形态还受到缠绕疏密、长度、力度及绳子的粗细、面料层叠里外等因素的影响。

▲ 图4-8

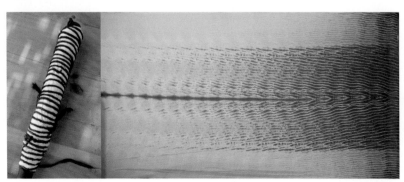

▲ 图4-9

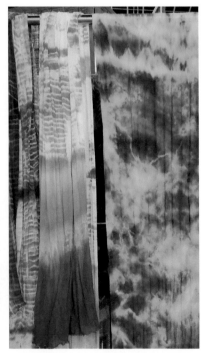

▲ 图4-10

### 3. 夹绑

夹绑指用工具夹住面料后再进行捆绑。按照一定的方向和规律进行夹绑，可形成或严谨规整，或变化丰富的多层次点状与线型的几何纹样，具有很强的装饰性。工具可用竹夹子、竹木筷子、长竹板等。竹夹子适用于小块较薄的面料，而服装面料一般都较厚，且长度可能达到 2～3 米，因此要用长条竹板和麻绳，用两条长条竹板夹住面料后，两端需要借助麻绳进行捆绑，两根长条竹板为一个造型单元，如图 4-11，面料对角皱叠后进行竹板夹绑，形成的线型纹样更具艺术性，采用先槐米染（先染后媒，明矾媒染），后蓝靛套染的方法。

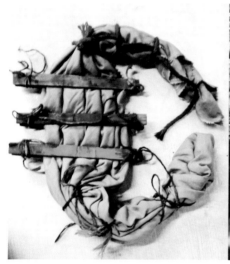

▲ 图 4-11

另外，用竹夹子夹绑多用于蓝染，热染不适宜，因上面的金属零件在热水中会在面料上留下不可消除的铁锈痕迹，一定慎用。图 4-12 的真丝电力纺长披肩，就是采用了竹夹子夹绑进行的槐米染色，多层次的几何纹样呈现出较强的形式美，但竹夹子留下了几处细小的黑色铁锈痕迹，完美性遭到了破坏。图 4-13 为采用竹板夹绑的蓝靛染羊绒围巾，采用折扇方式，先纵向折叠再横向折叠成小的长方形，只在对角线上夹绑了一对竹板，形成规整的菱形几何图案。图 4-14 为双层纯棉围巾，先纵向对折，再双层折扇方式横叠，同时使用竹板夹染与麻绳捆绑做相似的线型设计，染后的麻绳捆绑效果较随意，竹板夹绑的轮廓更清晰，整体干净明朗。

▲ 图 4-12

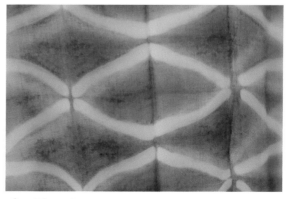

▲ 图 4-13

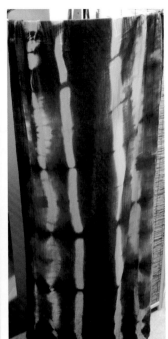

▲ 图 4-14

## 4. 叠扎

　　把面料按一定的规则反复叠加，进行捆绑后染色，形成的纹样有一定的规律和方向性，层次变化比较丰富。叠扎与夹绑相似，同样采用折扇的方式进行折叠，但最终效果不同，夹绑是为了突出"夹"的几何纹样。叠扎有两种，一种是尽量弱化"扎"的纹路，突出"叠"处的纹样（图 4-15 为蓝靛扎染贵州花椒布桌旗）；另一种是同时强调"叠"和"扎"处的纹样，图 4-16 为苏木染丝棉，将面料先纵向反复对折，横向采用折扇方式折叠成近似正方形，斜向绑扎三条线，染后形成深浅不等的菱形。图 4-17 为蓝靛染色叠扎羊绒围巾，叠扎可以形成千变万化的纹理走向。

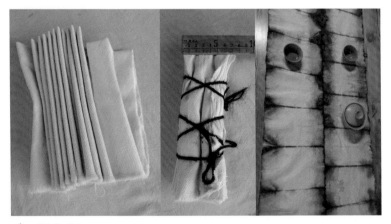

▲ 图 4-15

▲ 图 4-16

▲ 图 4-17

## 5. 打结

打结指不需借助任何辅助工具，直接将面料打结系扎的手法，一个结饰染后形成一个线型纹理，不同的打结方向形成各异的纹路走向，还可以结合折叠进行打结，可形成丰富且随意的纹理变化。

图 4-18 左为一个打结造型单元，右为根据不同方向进行的多组合打结方式。

图 4-19 为系扎手法完成的蓝靛与茜草染色雪纺长披肩，左图为全貌平面图，右图为叠放效果。

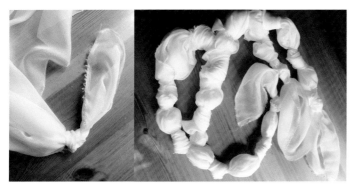

▲ 图 4-18

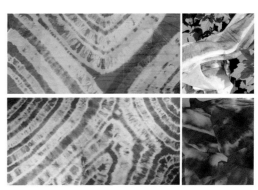

▲ 图 4-19

## 6. 云染

将面料采用抓皱手法做成一团，外围进行简单捆扎，以稀疏且不会松散为宜，入染液浸染一次完成后，打开再进行抓皱捆扎，进行第二次浸染，可以重复以上操作几次，如图 4-20 形成的纹样就如天上的云一样呈现没有规则的不定型形状，云染名称由此而来。还有一种做法是将面料进行抓皱后，将之装入一个细网眼的网兜中，绑住开口处，入染液浸染，同样重复几次，此法适合冷染，如蓝染。

▲ 图 4-20

### 7. 缝扎

缝扎，是指在面料上按照一定的图形轨迹运用手针平缝，再将手缝线迹进行抽线收缩，最后进行捆扎固定，染色后，抽缩缝针部位形成点状线条纹样。采用闭合式纹样的缝扎手法可以形成非常复杂的线状具象纹饰，主要呈现纹样与线迹的整体美感，如大理白族的缝扎纹样细腻繁丽，极具民族风情。缝扎技法历史悠久，是我们最为熟悉、最具代表性的一种扎染方法，其装饰风格典雅大方。缝扎技法的规范性和可操作性，使纹饰可进行大批量重复制作，基本能实现纹样再现，在服饰定制中应用较多。此法可用于服饰中的细节设计，纹样的不规则形式更显生动自然。

以南通蓝染工坊的蓝靛扎染为例介绍一下手工制作过程：

①根据设计在前期煮过的布上点画出纹样形态（可用遇水消失的水溶笔），点距与针缝长度基本相符，一般为 0.3 ~ 0.5 厘米为宜；②先做线上小圆圈的缝线，每个造型单元一根线，起针打结，收针处都预留出最后做缠绕的线长，如图 4-21，再做整体的线型缝线；③最后一一抽紧，先抽圆圈部分的小造型，用预留的线进行缠绕，抽得越紧留白处越清晰，图 4-22 右边为抽好的部分，左为未抽部分；④蓝靛染色完成后，拆掉缝线，可以看出缝针部分染后呈点状纹样，缠绕部分呈放射状圆形纹样，如图 4-23。

▲ 图 4-21

▲ 图 4-22

▲ 图 4-23

### 8. 多色扎染

多色扎染要运用两种以上的植物染料，分别进行染色与扎染，先染浅色、亮色，后染重色、深色，两种染料就可形成多种色彩的重叠、并置、交错，产生华而不俗的色彩效果。多色扎染更加独具匠心，在形式与色彩上都要进行仔细推敲，要考虑染料之间的套色色调变化以及纹样的和谐性，多色彩的变化使纹样呈现出更丰富的视觉效果。

苏木与蓝靛套染真丝电力纺大披肩染色过程：①先进行苏木微染，先媒后染，呈现淡淡的粉紫色；②将丝巾折叠成近似正方形，以中心点为基点，四个角放置竹板，图4-24中竹板既起到了支撑作用（使缠绕的线型更明确清晰），又起到了一部分的防染功能；③运用缠绕方式进行绑扎，如图4-25；④蓝靛套染同样微染，呈现灰蓝色主色调，扎染部分呈淡粉紫色，低调内敛，雅致迷人，大披肩还可围裹成衣，如图4-26。

图4-27为槐米与蓝靛套染双层纯棉围巾，其方法为：①先槐米染出深浅效果，先媒后染，明矾媒染；②搁置一年后，采用不规则皱扎，进行蓝靛套染。该方法形成的纹样具有很强的随意性，带着写意山水画般的神韵。

▲ 图4-24

▲ 图4-25

▲ 图4-26

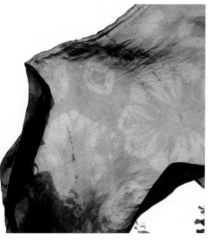

▲ 图4-27

# ◗ 浮染 ◖

浮染，不对面料做任何定型，只将半干的面料用手随意抓皱、团揉几下，让其自然放松的浮于染液表面，在慢慢下沉的过程中，会实现丰富的色彩与纹理变化。浮染可使面料呈现出疏密、明暗、起伏、生动的纹理状态，具有较强的不可预见性，可说是最具艺术想象力的一种纹饰。应用两种染料，颜色之间相互交叉、相融，能够呈现复杂的色彩变化与精美纹理，浮染时间越长最后形成的色阶层次就越丰富，图4-28为槐米蓝靛套染素绉缎，其纹样就如秘密花园一样美丽神秘。如要纹样对比柔和一些，浮染时间就不要过长，且在面料自然下沉过程的最后阶段，可按压几次面料，使其浮于表面的部分完全浸入蓝靛染液中微染一下，如图4-29槐米蓝靛套染真丝双乔。

▲ 图4-28

这种手法受到一定条件的限制：适合于具有一定浮力的高浓度染液，如蓝靛；适用于柔软、光滑的面料，如缎面丝绸光泽感最佳；面料最好半干，太重太湿的面料容易快速沉下去，太干的面料又不容易吸色。

①搁置一年以上的薯莨染真丝雪纺，将其浸湿后进行抓皱，抓皱形式对最后的纹样起着重要的作用，如图4-30；②将团皱面料扔在蓝靛染液表面，让其自然慢慢下沉，如图4-31；③ 5分钟后，用木棍戳动几下浮在表面的部分，让其增加色彩变化，最后将所有部分都浸入染液微染，如图4-32；④完成效果就如氤氲的山水画，崇山叠嶂，云雾飘渺，意境悠远，如图4-33。

▲ 图4-29

▲ 图4-30

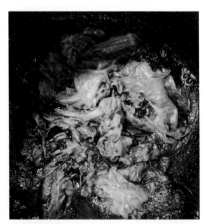

▲ 图4-31

▲ 图4-32

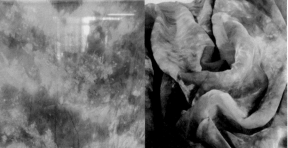

▲ 图4-33

## ◐ 吊染 ◑

吊染是为了呈现色彩的深浅渐变效果，染色顺序可由深至浅，也可由浅入深。

由深至浅：将面料吊于染桶高处，从预想的最深色部位开始染起，根据深浅要求划定几个时间段，逐层放松绳子将面料浸入染液中，最深部位浸染时间最长，形成柔和的渐进晕染效果。此法是从上往下浸，图4-34为蓝靛渐变可水洗棉中式长袄，先裁出棉麻衣片，从底摆部往上逐层浸染蓝靛，染色完成后再铺棉花进行绗缝等缝制（设计者：王晓琪，指导教师：张丽琴）。

由浅入深：先将面料整个浸入染液，根据染色渐变要求，逐层缩短吊绳提起面料，可呈现层次分明的渐变效果。此法是从下往上提。图4-35槐米与蓝靛套染丝麻衫，首先槐米染，先染后媒，然后蓝靛套染，整个浸入蓝靛液中几分钟后，将衣服上提，腰部以下继续浸染15分钟，逐级往上提，最后底摆再深染30分钟。

▲ 图4-34

## ◐ 夹染 ◑

夹染，古称夹缬，采用双面防染原理，用两个完全相同的镂空雕版夹住面料，两个雕版纹样完全对合后固定，再入染液浸染，我国唐代的夹缬技术最为发达，图案繁丽、色彩缤纷。

因定制木质镂空雕版难度较大，因此笔者最先用了简单的小猫图案做夹染，将两个小猫图案对合缝绑在一起，采用吊染和夹染（作品名称：等待黎明的小猫，图4-36）。

蓝靛夹染棉麻方法：①采用的是木质雪花纹杯垫，将两块相同的木纹样夹住面料后，完全对合缝在一起，边缘缝得越密实，轮廓越清晰，此纹样外边缘很繁琐，对合难度较大，如图4-37；②入蓝靛缸中染色，注意木纹镂空部分都要染到，如图4-38；③氧化完成后冲洗，拆掉缝线和夹板，如图4-39。

▲ 图4-35

▲ 图 4-36

▲ 图 4-37

▲ 图 4-38

▲ 图 4-39

## ◐ 蜡染 ◑

　　蜡染，古称蜡撷，用专门的蜡刀，蘸着蜡液（蜂蜡）在布面上绘制纹样，再入染液浸染，染后煮水去掉蜡纹，画蜡部分留下的是底色纹样，这种工艺讲究一定的技法性。黔东南苗族蜡染技法出神入化，图案古朴繁丽，是不可多得的宝贵民族文化遗产，如图 4-40。运用苗族蜡染技法进行纹样设计，可以更具现代感和趣味性，如图 4-41。

　　蜡染技巧：①蜡温掌控是蜡画最关键的一点，通常蜡温一般为 70 ～ 90℃，采用化蜡机虽然可以调控蜡温，但同一蜡画的不同绘画风格对于蜡温要求也是有差别的，如需要大面积晕染效果

▲ 图 4-40

▲ 图 4-41

就需要蜡温高一些，容易推蜡做渐变，而细部结构，蜡温过高就会使轮廓晕开，破坏造型，如图4-42；②初学者可以先用水溶笔在去过浆的布上画出草稿，采用平涂的方式涂蜡，再慢慢练习线条的流畅性，如图4-43；③不同的面料蜡画难易程度不同，通常情况下，越轻薄的面料难度越大，为了便于操作可将面料钉在木制画板上定型，过于轻薄的雪纺类面料底下可垫一块棉质衬布吸收渗透的蜡液，不过如果蜡液渗透太多，遮盖力也会相应减弱；④蜡刀蘸蜡液宜少不宜多，蜡液多了极易晕开。

图4-44为黄檗与蓝靛双色蜡染真丝双绉裙，先黄檗染出底色，再用蜡画出银杏树造型，入蓝靛浸染，需要多次反复浸染，每次时间不宜太长，最后煮水去蜡，呈现具有东方情调与吉祥寓意的银杏叶纹饰，黄与青的对比，既醒目又和谐。

枫香染是黔东南布依族流传的一种近似蜡染的技法，用毛笔代替蜡刀，枫香油代替蜂蜡，纹样更加细腻，因笔者对此没有实地考察过，就不赘述。

▲ 图4-42

▲ 图4-43

▲ 图4-44

# ◐ 雕版印花 ◑

雕版印花其实就是传统蓝印花布技法，是我国古老的印染技术。雕版镂空部分为底色纹样，将雕版平放于布上后，需要用防染浆填满镂空处，染色后，再用刀刮掉防染浆，即露出底色，这种技法能实现纹样的再现，可批量生产。

雕版印花制作过程比较繁琐：①首先根据纹样先要雕刻出镂空样板，古时采用的是驴皮板，现在普遍采用牛皮卡纸，雕好板后需要刷上桐油或油漆防水；②布料做煮水退浆处理，在太阳下暴晒，用时再用水喷湿；③调浆，按一定比例，用大豆粉与石灰粉加水调成糊状防染浆；④刮浆，将布平铺在木板上，雕版放于其上，防染浆用刮板涂满雕版的镂空处，如图4-45，掀起雕版后，布上留下防染浆纹样，晾挂阴干，如图4-46；⑤入缸染制，需要多次复染，染色完成后漂洗、晾晒；⑥用刀刮去防染浆末。

　　图4-47为工作室在南通蓝染工坊定染的雕版印花设计，左图为双色染丝麻外套，衣身部分的水型纹样虚实相衬，富有韵味，这种白色多的纹样在制作上更为复杂，意味着雕刻的面积越多，使用的防染浆也越多；右图为真丝双绉短衫，将定染的边饰镂空花纹置于衣摆与袖口部，彰显别致的民族风情。

▲ 图4-45　　　　　　　　　　　▲ 图4-46

▲ 图4-47

# 第四章

草木之服

草木之服

# ◐ 植物染美学 ◑

植物色展现了"天人合一"的和谐性，也最能体现更加人性化的质感语言。每个色系都代表着一种风格情调，在关注色彩本身所代表的情感内涵时，还要大胆去尝试创新配色，使植物色与穿着者、与环境因素，共同演绎出独特的和谐、靓丽。花朵的色彩即使再浓烈，也不会显得俗艳、刺目，植物色即使再华丽都与人相衬，与景相融，不会争妍斗艳。

## 1. 服饰植物染料应用

植物染应用到服装当中，首先需要满足几个条件：①用做染料的植物很常见，可以不间断可持续性地大量生产，如随处可见的槐米花、芦苇、过期中药、茶叶，还可以废物利用，变废为宝，如板栗壳，洋葱皮。②价位合适，过于贵重的植物染料也说明生产不易，不适合大规模种植。③固色良好，且固色剂也是采用无污染的明矾、草木灰等天然媒染剂，如果固色还是采用化工染的甲醛等化工固色剂，那就算不上真正的纯天然草木染。④染色简单，可操作性强，量产可以成为现实。⑤可穿性，反对转瞬即逝的流行，低端的流行时尚是造成污染的最大推手。

依靠单纯的几种植物染料，就可以演绎出千变万化的色彩组合与创意纹理，或高调，或含蓄，植物色服饰可以呈现出一种气象万千的活力与自由舒展特质。

## 2. 色彩的情感意义

不同风格情调的色彩会使观者产生相应的联想，并赋予其一定的情感象征。高明度的淡色调象征着明媚、清澈、轻柔、成熟、透明、浪漫，高色相饱和度的鲜色调象征着艳丽、华美、活跃、外向、发展、兴奋、刺激、自由、激情，色相饱和度低的暗色调象征着稳重、刚毅、干练、质朴、坚强、沉着、充实，而浅灰调则象征着温柔、轻盈、柔弱、消极、成熟。

厚重粗糙的面料，运用柔美明亮的色彩与简洁的线条进行重新演绎后，所展现出的质感也会有很大的变化，感觉更轻盈浪漫，图5-1为茜草扎染双层皱麻休闲旗袍，明矾先染后媒。

### 3. 色彩肌理效果

粗糙肌理与精致肌理分别代表着质朴与高雅，除了面料本身的自然肌理形态特征，色彩是最能影响面料风格情调的因素，且服装的植物染色效果与面料的质地肌理有着直接的关系，同一种植物色在质地完全不同的面料上会产生反差很大的色彩效果，呈现迥异的风格情调。植物染服装色彩的视觉效果受到材料表面的组织结构吸收与反射光能力的影响。光滑肌理的面料，反射光能力强，色彩更容易产生变化，在室外阳光之下，纯度与明度都会提高，色彩效果更为鲜亮，如图5-2的茜草染真丝双乔。而粗糙肌理反射光的能力弱，色彩比较稳定，在阳光下变化较少。因此，同一种植物色在不同的面料上会呈现不同的色彩肌理效果。

▲ 图5-1

### 4. 从雕琢之美到自然之美

除了健康环保性，植物染服饰还可以使服用者在尘世的喧嚣中找到一份舒缓与放松，传统中式服饰美学讲究"自然成型，流线为纹，气息能动，行动可变"，笔者崇尚这种自然美态，在服装上为了充分体现色彩与材料的天然之美，在款式设计上尽可能减去不必要的繁琐结构与装饰，多采用简约廓型与单纯、放松的形态，只在局部做点耐人寻味的细节设计，追求服饰的功能性与舒适度，力图展现行云流水一般的随意、从容、悠然。图5-3为蓝靛染真丝顺纤绉长裙，剪裁自然单纯，衣随风动，洋溢着浪漫、放松的超然之美。

▲ 图5-2

年轻时更多地是崇尚强调复杂结构肌理形态的雕琢之美，掌握过各种装饰性肌理塑造和立体造型手法，做过许多随心所欲的结构变异与解构变形，赋予面料复杂的线条与夸张的体积，以展现外在的精致、夸张为主旨，追求更强的视觉冲击力。根据物极必反的审美原则，过于繁杂富丽、张扬的视觉艺术，其欣赏性往往都不能够持久，强烈的视觉刺激之后就会极易使人产生厌倦感，恰到好处的纹饰才能历久弥新，你可能发现，入手过很多或华美或个性的服饰，最后发现喜欢穿的永远是那几件穿着舒适、造型单纯、装饰简约的款式。从雕琢之美到自然之美的理念，不仅仅是年龄渐长之后的审美趋势变化，更多的是强调感性设计以后的一种心理历程转变，感性设计注重对人的精神境界的一种描述，强调返璞归真的审美与情趣（图5-4）。

▲ 图5-3

▲ 图5-4

　　笔者基本都是先染布设计再裁剪制作，在平面状态的面料上进行纹样设计更自由，且变化丰富，这样反复浸染之后的面料，已经达到最佳的缩水效果，不仅保障了服装的水洗性，也使服装造型能达到最完美状态，绝对不会变形。这种方式需要具备裁剪和结构设计的能力，根据自己的款式进行有针对性的扎染，难度较大，如果用云染和浮染手法做整个面料的不规则肌理，款式设计就可以简单一些。

▲ 图5-5

# ◐ 植物服色设计 ◑

### 1. 鲜活唯美的红

　　茜草染色重磅真丝双绉，饱满丰丽的红色，华贵舒展，简洁大气，有着自然浑成的美丽，微风吹过，花香四溢，见图5-5，采用染色茜草（印度茜草），明矾媒染，先媒后染方式，历经三天，共6次染色，每次半小时。双绉是桑蚕丝面料中最适合做日常服的材质，低调、柔和、抗皱、结实。真丝弹力双乔的茜草红发暗一些，面料含有5%的氨纶，如图5-6均为茜草染重磅真丝弹力双乔长裙，左图是6次复染效果，染色过程与图5-5相同；右图为三次复染效果，呈现娇俏的粉红色。

这种茜红色几乎适合所有的肤色，在阳光下尤显鲜亮通透。茜草染色也只有在真丝面料上才可以如此明艳，在纯麻面料上就会低调很多，图5-7为茜草染纯麻中式成人礼服装（设计师：李明悦，指导教师：张丽琴），娉娉袅袅的仕女犹如画中走来。

▲ 图5-6 　　　　　　　　　　　　　　　　　　　▲ 图5-7

## 2. 轻盈梦幻的粉

　　**茜粉色**：如落花缀上衣襟，如轻柔的春风拂过心扉，粉色不仅仅只存在于少女的梦中，她寄予了女性永不磨灭的浪漫情怀，偏中式的半斜襟和珍珠扣衬托出婉约清丽的气质，本身就是一道风景。图5-8为双层褶皱纯麻旗袍，即使是厚型绉麻的粗糙纹理，因为用了粉色，平添了一份轻盈妩媚感，飘逸的雪纺大披帛延伸了视觉的虚幻空间，更添空灵之态，具有浓郁的浪漫气质。

　　图5-9为茜草染儿童小礼服（设计师：孙昡雨，指导教师：张丽琴），外层裙部的真丝欧根纱与袖部的纯棉贡缎均为茜草染色，茜粉色更加衬托出小女孩的甜美可爱，犹如童话世界的小公主。

　　图5-10为苏木染顺纡绉长裙，轻柔的如同粉色的雾，朦朦胧胧中透露着温柔的美丽，如梦如幻，随风起舞，这就是"翩若惊鸿"之态吧！

▲ 图5-8

▲ 图5-9

▲ 图5-11

▲ 图5-10

▲ 图5-12

### 3. 甜蜜温暖的橘色

红＋黄能套染出橘色，茜草染红，槐米染黄，采用由深入浅的方式先染茜草后染槐米。图5-11为茜草与槐米套染羊绒衫，全部采用先染色后明矾媒染：首先整个进行茜草染30分钟，媒染20分钟；其次，衣身上半部浸入槐米水中30分钟，衣身底摆部与袖子的袖口部浸入茜草液中浸染30分钟，中段形成自然渐变效果，如图5-12；最后分别放入媒染过槐米和茜草的明矾水中，媒染20分钟，呈现从橙红色到橘色的柔和渐变风格，年轻而活力的色彩彰显女性的甜美、温暖与靓丽。

### 4. 欣然明朗的黄绿

嫩嫩的黄绿色，呈现出清新和煦、平易近人的明朗，蕴含着希望与生机，给人一种说不出的欣然愉悦之感，在时光的流逝中，在大自然回黄转绿的反复中，能够带着柔软而快乐的记忆，体会春光的明媚，只有拥有了一定层次的阅历才能明白，这种体验是如此的珍贵。图5-13为真丝双绉长裙，以槐米染为底色，采用云染手法套染蓝靛，可以给整体黄色添加或多或少的绿色相，明快清雅，春意盎然。

明快的黄色是令人眼前一亮的色彩。抛开那些色彩等级渊源的今天，高明度色的纯正黄色服饰依然罕见，一个原因是很多国人都认为黄色不容易亲肤，传统观念认为黄色是黄皮肤的国人

最不适合的色彩之一，第二个原因是因黄色最华丽，具有强烈的视觉冲击力，担心黄色过于跳跃，不容易搭配其他色。通过多年的服饰植物染设计，笔者深切感受到植物色彩即使再艳丽也是色泽温润的，明媚的黄色观之令人欣然明朗而不刺激。从这几年的反响来看，大家对于黄中带绿的槐米染丝巾、羊毛围巾都情有独钟，黄绿色系列的服饰是黄色系中最受欢迎的，即使饱满醒目的金黄色，都不会有突兀之感，在赏心悦目的同时，也提亮肤色。图5-14为槐米染丝麻长裙，明矾媒染，先染后媒三次，每次浸染30分钟，媒染20分钟。

纯正的黄蘗染丝巾，虽然一直被观者赞叹，但勇于尝试的不过一二。因此，一年以后，将其中一条黄蘗染顺纡绉丝巾试验了蓝靛套染，通过不规则扎染使之形成深浅变化丰富的绿色系，与上图的槐米染丝麻长裙搭配，相当和谐，如图5-15。

▲ 图5-14

▲ 图5-15

黄与绿的搭配，因为面积和明度对比的差异性，而呈现各异的格调，图5-16同样为槐米与蓝靛套染真丝双绉裙，槐米染黄色为底，扎染蓝靛，呈现深绿斜向纹饰，相较图5-11的明媚、欣然，其更显成熟、明朗。

## 5. 高雅脱俗的冷绿

图5-17为真丝弹力双乔旗袍，槐米蓝靛套染，呈现高雅脱俗的低饱和度冷绿色，朦朦胧胧的暗纹如光影交错，传统旗袍形制搭配植物染碧色雪纺披肩，尽显静美优雅，淡定从容。

▲ 图5-16

▲ 图 5-17

▲ 图 5-19

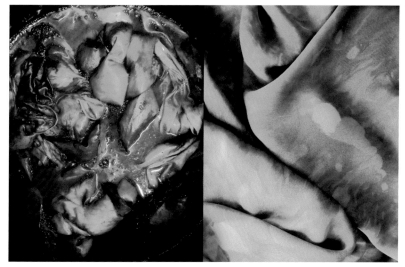

▲ 图 5-18

　　采用浮染手法：①先染槐米黄 30 分钟，明矾媒染 20 分钟，两次；②图 5-18，左图为蓝靛浮染，右图为第一次浮染后效果，每次蓝靛浮染 5 分钟，共 5 次，次次都用明矾水媒染 10～20 分钟，历时三天完成。

## 6. 生机浓郁的暖绿

　　绿色是永不会让人厌倦的色彩，尤其是大自然的暖绿，萌发着生机与希望。

　　图 5-19 为丝麻旗袍：清丽雅致，亲和舒适，雅趣盎然的绿色让人心旷神怡，犹如回归大自然。采用丝麻面料，槐米与蓝靛套染，从上到下的由浅入深，由浅绿渐变为鲜绿，浅绿犹如新生的柳条，柔软清新，鲜绿犹如繁茂的枝叶，从清新到浓郁，诠释着勃勃的生命力，见之欣喜。

　　先染布后制衣，槐米先染后媒，明矾媒染，采用吊染手法，先整个浸入蓝靛，套染出浅绿色，再依次进行三层渐变。

## 7. 沉静智慧的蓝

　　靛蓝有着很强的包容性，含蓄内敛，追求古雅、朴素、安静、低调、收敛，蕴含着大道至简的美学意蕴，如图 5-20，蓝靛扎染纯麻中式短衫，没有高高在上的距离感，不追求刻意的完美，带着恰倒好处的随意，如流水般自然，浅浅淡淡的安静，需要细细品味。

　　蓝靛色几乎适合所有的肤色，尤其是饱满的绀色，呈现出

▲ 图 5-20          ▲ 图 5-21          ▲ 图 5-22

古拙清逸的成熟审美观，蓝靛多次复染才能得到最深色－绀色。内敛、低调的蜡染绀色服饰，更符合儒家中庸节制的"和"之美学，炎热的夏天，蓝靛蜡染真丝裙能带给穿着者"炎天犹觉玉肌凉"的舒适感觉，图 5-21：茜草染底色，用蜡绘出玉兰花型后蓝染，退蜡后呈现淡粉色纹饰与泛红光的深青色真丝双绉裙，不喜浮华，从容、静气，运用简单质朴的蓝染抒发内在的丰富情感，这是一种内敛而节制的美态。

▲ 图 5-23

图 5-22 为蓝靛扎染真丝电力纺连身裙，呈现"清水出芙蓉，天然去雕饰"的自然状态，清雅淡远，崇尚古拙清逸的审美风格，灵动自由，飘逸舒展，洋溢着浪漫气质。

注：蓝靛色越深固色越好，做过蜡染后要清洗七八遍才能将浮色完全去掉，一般为了节水，只清洗两三遍，这个蓝浮色即使染到身体或者其他衣物上，是完全无害，且可洗掉。

## 8. 神秘优雅的灰紫

茜草与蓝靛套染可出灰紫色，格调高雅的灰紫色，优雅内敛，成熟时尚，属于高级灰系列。

图 5-23 丝麻长衫搭配真丝电力纺，均为茜草与蓝靛套染。丝麻长衫呈现带灰度的淡蓝紫，温润淡雅，就如一道旖旎的风景，柔和、美好、通透。茜草为明矾媒染，先染后媒，染一遍；再入蓝靛微染，快进快出，最后再入茜草媒染过的明矾水媒染。

▲ 图 5-24

图 5-24 浅紫灰丝麻长衫，比图 5-23 色相更为明确，精致时尚，气质动人，散发着高雅自然的气息。其茜草需要染两遍，红色相多一些更容易染出色相明确的紫灰色，同样进行蓝靛微染。

# ◑ 色彩的和谐性 ◐

清代方熏论绘画："设色不以深浅为难，难于彩色相和，和则神气生动，不则形迹宛然，画无生气。"服饰色彩设计也是同样的道理，单纯的蓝染设计仅考虑深浅、纹样变化即可，很容易达到和谐效果，多色套染需要考虑色相、冷暖对比，色彩相合才能生动自然。

陆游描述宋时女子"裙腰绿如草，衫色石榴花"，生动鲜活的色彩形象跃然纸上。主色大面积、辅色小面积，就很容易达到和谐的状态，如辅色作为主色的点缀，可应用于同一面料的纹样设计中，也可应用于服装与配饰的搭配中，能起到画龙点睛的作用。色相、明度、纯度都反差较大的配色，会产生较强的视觉张力，呈现活泼、激情的效果，差异性要讲究恰如其分，差异过大的要进行协调处理，比如使两色或多色呈现一个共同的色彩基调，或者增加色彩的灰度从而降低彩度。

## 1. 黄 + 蓝配色

将对比色进行小面积对比，可采用云染手法形成点缀纹样。图 5-25 为槐米与蓝靛套染真丝双绉，本色彩设计是利用同类色与对比色的深浅、冷暖变化及面积对比，来体现色彩的丰富性与和谐感。采用云染的手法，根据不同的染色时间，形成不规则且深浅不一的黄、绿、蓝纹，呈现一种清新雅致的色彩搭配。

工艺技法：根据由浅入深的原则，先染黄色槐米，再套染蓝靛的绿色与蓝色。①重磅真丝双绉 3 米，槐米 50 克加水 4 升，明矾 15 克加水 4 升；②槐米水煮开后小火 30 分钟，放温后，槐米染 30 分钟，后明矾媒染 20 分钟，采用云染手法捆扎，重复以上染色过程，染好打开面料后再一次进行槐米云染；③第三次用云染手法团皱面料，首次浸入蓝靛染液时微染即可，氧化完成后，

▲ 图 5-25

冲洗一遍，放入刚才的明矾水中媒染固色 30 分钟，再重复这个过程两次，第四次蓝靛云染 5 分钟，第五次蓝靛云染 10 分钟，逐渐染出绿、蓝色相。

采用中性色进行对比色协调也是最常用的一种手法，通常都将黑、白、灰、金、银色作为中性色，可以利用植物染的套染优势，将两色的套染间色作中性色应用，图 5-26 为纯棉贵州花椒布长衫，运用套染绿色来协调黄和蓝的补色对比，本款包含黄、绿、蓝三个色调，先染槐米黄，再同时套染绿色和蓝色部分。贵州土布花椒布幅宽只有 40 厘米，采用了立裁手法完成结构剪裁，染色之前，花椒布必须进行脱浆处理，用肥皂水煮一小时以上。①首先，根据衣长加上缩水率与缝耗因素大致剪出四块长条布（此为衣身部分，袖部为纯蓝靛染色），要染出纵向纹路，需沿着布块的长度方向进行较为均匀的叠皱，绑住最上端，下端浸湿后染色，幅宽的 2/3 宽度要染出黄色，槐米先染 30 分钟后媒 30 分钟，明矾媒染，一次；②用塑料袋子套住幅宽的 1/3（黄色部分），

▲ 图 5-26　　　▲ 图 5-27

口部不用扎得太紧，将面料浸入蓝靛液中，浸染 30 分钟，图 5-27 左图为氧化还原中，氧化完成后，再次浸入明矾水中媒染固色，蓝色部分可再复染三次，加深蓝色，完成。图 5-27 右图，黄和蓝交错部分呈现绿色，有了绿色的协调，黄蓝的转换就不会显得过于生硬。

## 2. 红 + 蓝配色

苏木与蓝靛、茜草与蓝靛两色套染会增加色彩的灰度从而降低彩度，以此增加两色的和谐性，图 5-28 为真丝双绉中短衫，低纯度红蓝色调，采用苏木红加蓝靛，先染布后制衣。先以苏木为底色，明矾媒染，在染过四次丝巾的四染液中浸染 30 分钟，后媒染 20 分钟；清洗一遍后，将整块面料进行纵向对折，徒

▲ 图 5-28

手在前胸后背等处进行挤花，以表现前后片左右纹样的大小对比为原则，不需用绳捆扎；第三步，将挤抓出的花型部分浸入蓝靛液中微染，注意不是全部浸入；氧化完成后，清洗一遍，再入明矾水中媒染 20 分钟，即成。两色的放射形渐变非常随意自然，苏木红较通透，蓝靛部分则呈现灰蓝色调，加上两色的中间色调，整体呈现发灰的高级调，浑然天成的过渡使两色和谐共处，在协调中又蕴含着显与隐的微妙对比，犹如淡淡的泼墨画，给人想象的空间，让人着迷。因为苏木遇汗发黄的特点，笔者后来又染过一款茜草与蓝靛的配色，与此款很近似，只是茜草比苏木更亮一点。

### 3. 多色配色

红 + 黄 + 蓝的套染设计，同时运用了两个和谐手法，第一使两色或多色呈现一个共同的色彩基调，第二增加色彩的灰度与深度。图 5-29 和图 5-30 分别记录了两块真丝双绉的三次色彩协调过程：①一米多的小块布染成了槐米黄（图 5-29-1），两米多的大块布染了不对称的槐米黄和苏木红（图 5-30-1），两块是不同时期完成的染色，因此两个槐米色差异较大。②一年之后，计划将两块真丝双绉进行扎染形式的蓝靛套染，以绿色为基调增加两块双绉的统一和谐性，然后做出一件长裙，小块布做上身，大块布做宽大的裙部。③对两块双绉的蓝靛套染交给我的学

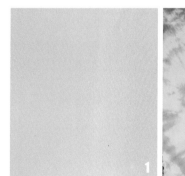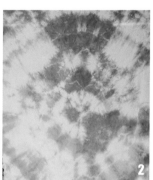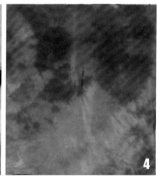

▲ 图 5-29

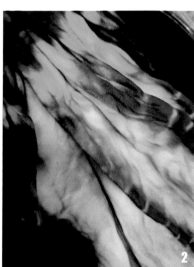

▲ 图 5-30

生去自由发挥。学生将大布前后折叠后进行扎染，染色中，苏木部分蓝靛套染之后，呈现了丰富的色彩变化（图 5-30-2），但为了防止苏木遇汗变黄，还是再次将露出的苏木红用蓝靛覆盖，变为灰紫色（图 5-30-3 为一半的图案效果）。两块布的这次套染呈现效果差异很大，从单一形态来看小块布的扎染效果很漂亮（图 5-29-2），但两块布放在一起还是不和谐（图 5-29-3），第二天，笔者对小块双绉又进行了三次蓝靛套染，增加深度，降低纯度（图 5-29-4）。注意：套染色的氧化完成后，一定要再次浸入明矾水中固色。（4）将底裙（大块布）的两端与衣身部分（小块布）进行色彩对比，发现大布右端的色调与小布拼接更和谐（图 5-31）。还有一个问题是大布的黄色图案部分是大弯度的前后、左右对称

▲ 图 5-31

▲ 图 5-32

造型，如将大布平均分成前后裙片，前后纹样几乎完全一致，拼接后曲线最高部正好在前后中的位置，效果比较生硬，因此，在裁剪中分别将前后裙片相同一侧的侧缝处去掉了 20 厘米，这样曲线最高部和上面的圆形纹就躲开了前后中线的位置，增加了随意性与活泼感，如图 5-32。

## ◉ 服装纹饰设计 ◉

服装中的纹饰设计不仅可以增加色彩的丰富性，色彩和纹样形态共同延伸出的抽象韵味，使服装更具深度与意境，能让人产生无限的遐想和精神的满足。冷静规则的几何形状，呈现简约而理性的风格；自由无规则的抽象形态，使服装呈现出最为随意稚拙的返璞归真，极具洒脱、艺术的意蕴。

先染布后制衣：植物染纹饰设计在制作之前要进行充分的构思、设计，这是有意有序且有一定规则性和审美要求的设计工作。首先确定好服饰风格与款型，再决定纹饰的塑造手法和装饰部位，同时结合抽象、空间、交错、呼应等艺术形式，采用强化或弱化的手段，如运用大与小、明与暗的手法，形成视觉上的前后、虚实的空间感觉，变化丰富的纹样必须经多次手工扎染等技法才能完成。这种先染布后制衣的方式使纹样层次更丰富多变，还不用再考虑制作中的缩水率，但

对于设计者的服装结构、打板技能要求较高，且不能进行局部的细致纹饰设计（蜡染除外）。

先制衣后染布：先设计制作出原色面料的服装成品，依据人体空间结构，还要考虑到活动状态下的动态美，通过各种纹饰手工技法，来完成各部位较精确、细致的纹样设计。此种方式相对简单一些，不过服装的空间结构也限制了一些手工技法的实施，要求裁剪之前一定先做好缩水率。

# 1. 点型纹样设计

较小的形态都可感知为点，点型纹饰具有集中、强调的作用，明确的点可以形成视觉中心，具有集中视线的功能，多个点可以引起视觉的移动，因此明确的点型纹饰不能杂乱、分散，要有一定的规则性、韵律感。

▲ 图 5-33

正中心的位置一般不作为视觉中心，点在空间的一侧有不安定感，可以打破过于均衡的效果，同时引导视觉走向，图 5-33 为蓝靛蜡染小飞鱼纹样真丝双绉短衫（小飞鱼纹样设计者：李双巧），线型组合的飞鱼形态本身呈现优美的旋律感，再加上其向上翔游的动势，更显生动活泼、俏皮可爱。

点型纹样进行重复、渐变，形成视觉上的动感，呈现活泼、明快的旋律，避免点造型完全相同的单调重复，可采用云染手法，形成抽象的自由渐变，呈现既细腻丰富又自由奔放的对比，图 5-34 为中国茜与印度茜云染真丝双绉衫。

图 5-35 为制作过程，两种茜草均为明矾媒染，先染后媒；中国茜色为底色，染 30 分钟媒 20 分钟，重复两次（图 5-35-1）；采用云染手法进行印度茜草染色（图 5-35-2），染色 30 分钟，明矾媒染 20 分钟，重复三次，图 5-35-3 为第一次云染之后的展开效果。

▲ 图 5-34

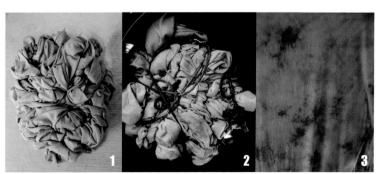

▲ 图 5-35

## 2. 线型纹样设计

线型纹样设计指对线型进行位置、方向、虚实、深浅对比，从而形成许多巧妙的视觉伸展空间，呈现人体美与律动美。具备视觉张力的线型纹饰，在服装中的形式极为多变，如安静、拓展的横线，动感的斜线，优美轻快、富于旋律的曲线。服装中线的走向与疏密排列都以衬托人体的美感为出发点，在纹饰设计之前就要先设计出款式，再根据款式进行纹饰设计。

图5-36为蓝靛扎染丝麻外衫，先染布后制衣，衣身部分的面料呈折扇形式折叠后，采用长竹板夹绑的方式形成近似横线的纹样，粗细不同的竹板之间不要平行，略有夹角，这样出来的形态更艺术化。图5-37采用相同的竹板夹绑方式，只是进行第一次蓝染后，拆掉竹板再进行麻绳捆扎与塑料袋防染方式蓝染，所有捆扎均不宜紧（图5-38），重复此过程两次，形成变化丰富的以横纹为主的创意线型。

图5-39右图为茜草扎染丝麻长裙，将面料采用对角式缠绕捆绑，将需要染色多的部位（如前片上部）露在外面，如图5-39左图，茜草染色1小时，明矾媒染30分钟，染后呈现斜向的稀疏大纹路效果。如想要细密丰富一些的斜向纹路，可进行反复缠绕染色，如图5-40，同样为茜草染色，先染后媒，将面料反复对角斜扎多次，缠绕捆绑时不宜过紧，使染液自然渗透，形成渐变自然的斜向隐形纹样效果，娇俏明媚。

▲ 图5-36

▲ 图5-37

▲ 图5-38

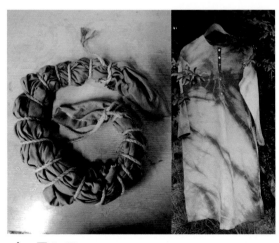

▲ 图5-39

图 5-41 为苏木染棉服局部：利用缝扎手法形成白色点状曲线造型，再加上绗缝线，波浪起伏的空间造型感更为生动。采用分段浸染的方式形成苏木色的深浅变化。

图 5-42 为蓝靛扎染真丝电力纺长衫，采用层叠捆扎的方式，形成了不同方向与角度的线型组合，通过虚与实的线型对比，产生了优美的韵律感和视觉层次感，飘逸的面料与款型，空灵唯美。

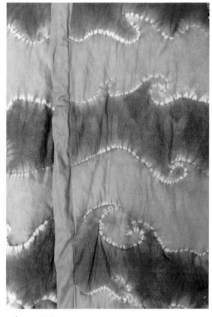

▲ 图 5-40　　　　　　▲ 图 5-41　　　　　　▲ 图 5-42

## 3. 抽象纹样设计

抽象纹样更具有联想与创造性，多采用几何形态和无规则形态。多种抽象形态进行组合可以形成丰富的视觉美感，但要把握尺寸，否则容易产生杂乱或不协调的感觉。

图 5-43 为蓝靛扎染丝麻大衬衫，先制衣后染色，图 5-44 为染色过程：①图 5-44-1，衣服浸湿后进行扎染，将一侧的前片做出多个造型的挤扎，再用防水手套套住，在套口处的门襟上

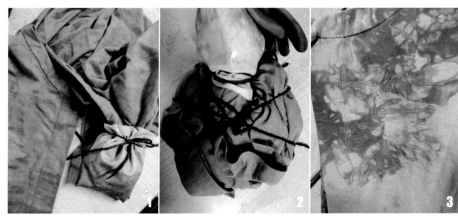

▲ 图 5-43　　　　　　▲ 图 5-44

端加上部分领部一起进行捆绑，注意不可过紧。②图 5-44-2，将整个衣服以刚才套扎的部位为中心，进行螺旋状拧转，注意各个部位都有显露的部分。整个进行简单捆扎，不会松散即可，不宜捆扎过密。④蓝靛染色 30 分钟，氧化完成后再复染一次。图 5-44-3 为第一步骤挤扎的局部抽象纹效果。

图 5-45 为茜草染色真丝双绉长裙，呈现娇美的女性气质，柔美艳丽的色彩，细腻轻盈的羽状暗纹，这种奇妙的新肌理形态完全是意外之喜，那是不经雕琢的自然痕迹，精致淡雅。

图 5-46 为染制过程：①双绉简单浸湿后放入媒染过茜草的明矾水中浸泡一小时，如图 5-46-1。②在茜草四染液中浸染 1 小时，整个面料均呈现羽毛状的抽象肌理，如图 5-46-2。③图 5-46-3 中，左图为本面料，右图为真丝弹力双乔，左图用右图媒染过的明矾水浸泡，再用右图双乔染过第三次的染液浸染一小时完成。

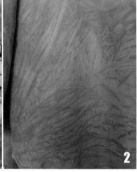
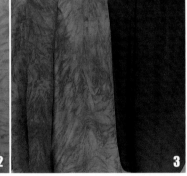

▲ 图 5-45　　　　▲ 图 5-46

图 5-47 为槐米与蓝染套染重磅真丝素绉缎长裙，采用浮染手法，染制非常随性，呈现不规则的较清晰纹样，整体服装线条流畅，浓郁与清雅相间的绿色调，如清幽之景，尽显安乐自在的格调。

图 5-48 为染制过程：①先染出槐米黄（先染后媒，明矾媒染，复染两次），半湿状态下扔入蓝靛中浮染，如图 5-48-1。②让其慢慢下沉，此时蓝靛活性很强，真丝不易长时间浸染，5分钟后，用木棍按压几下，使其整个浸入蓝靛微染，如图 5-48-2。③图 5-48-3 为染制纹样效果，

▲ 图 5-47　　　　▲ 图 5-48

仅一次浮染，色彩有一定的对比度，纹样较清晰。浮染之前没有进行均匀抓皱，只随手团了一下，纹样大小与形态对比更加随性，或细腻柔美，或自然古朴，自有一种"拙中生巧"的韵味。

浮染之前进行均匀抓皱，纹样会更加细腻，如图 5-49 所示，真丝弹力双乔的光泽度不如素绉缎，且只作了一次槐米染，蓝靛套染之后的色彩对比柔和，呈冷绿色，柔美安静，随意淡然。

▲ 图 5-49

## 4. 具象纹样设计

具象纹样采用最为广泛的是来自于大自然的形式，如花卉、动物、流动的水波等创意造型与纹理，生机盎然的自然形态，使服装呈现出一种独特的意境，不容易让人厌倦，具象纹样更趋理性，运用植物染的具象纹样设计手法，主要有蜡染、缝扎、雕版印花、夹染等技术。

图 5-50 为蓝靛夹染真丝双绉，采用的是雪花纹组合纹样，先染布后制衣。首先将面料前后对折，根据款式在规划的部分设计夹染纹样，每两个完全一致的雪花纹镂空夹板夹住面料，真丝布不能针缝固定，要用两手紧紧捏住，浸入蓝靛液中微染两分钟，重复此过程多次，直到完成全部纹样。图 5-51 为完成效果，淡蓝色极为清新雅丽，衣随风动，袅袅婷婷。

▲ 图 5-50

▲ 图 5-51

图 5-52 为蓝靛蜡染真丝双绉长裙，此儿童画风格的向日葵纹样介于具象与抽象之间，微荡领的简约连袖大廓型款式，古典端庄，雍容雅致，长条状向日葵纹样不仅增加了现代感与趣味性，还能起到显瘦的视觉效果。图 5-53 为制作过程，先将面料的一半染成洋葱皮的绿色（明矾先媒后染），画出蜡画，一半绿底一半白底，如图左；染制蓝靛，反复浸染超过三天，每次 5 分钟，每天三次，呈现深绀色即成，如图右。

▲ 图5-52　　　　▲ 图5-53

# ● 强调式纹饰 ●

运用单纯的形式媒介（各式点、线型、面状等）创造出一定格调的纹饰符号来进行视觉引导、强调，称之为强调式纹饰。强调设计可产生较强的视觉刺激，要求设计者必须具有形体美学理念和敏锐的色量感。强调纹饰位置必须以人体美学为依据，利用色彩与纹样之间的对比反差，在对称中增加动感美，在不对称中找到均衡、疏密之美，能营造出丰富的层次感。利用纹样与色彩对比，形成心理上的强弱、前后、轻重的感觉，要把握强调的尺度，纹饰色彩如果对比过大，可采用呼应、交错的手法增加协调性。从抽象到具象，从感性到理性，从动态到静态，强调式纹饰的风格可说是千姿百态。

服装的纹饰装饰表现部位多是造型的设计中心。决定服装造型的主要部位是肩、胸、腰、臀与底摆、门襟，多在这些部位上进行重点设计使之形成一个视觉中心，这也是纹饰的重点表现部位。服用性强的服装，廓型设计一般都较为简洁，且植物染服饰的贴身穿着最能体现其舒适度，因此不适于过于复杂的缝缀等肌理塑型装饰。仅仅从平面纹饰角度就能够进行自由、创意的纹样设计。

## 1. 和与放的对比

儒家中庸节制的"和"与道家天然真诚的"放"，既对立又统一，这两种美学形式是中国古典美学史的核心范畴。平和的造型与色彩，加上不事雕琢的自由纹样，自有一种不拘小节的逍遥自在感。

以茜草与蓝靛套染的丝麻长裙为例：①在染色之前先设计出款式，简单的 A 造型松腰款式，计划在内敛、纯净的中调底色之上，以层次清晰的深色放射性纹样作为视觉中心，形成较强的明度与色彩反差，明快中带着浓郁，想要展现既舒展又收敛的多层次艺术感；②整块丝麻布先染出茜棕色，茜草先染后媒，明矾媒染，两次复染；③根据款式，在大致的前胸肩、底摆及侧缝部位挤扎出几个大小不一的造型，在造型部稍远的位置进行捆绑，采用吊染方式将造型部浸入蓝靛液中，30 分钟后拎出氧化，最后用明矾再次媒染即成，形成的纹样呈醒目、外放型的深绀色，如图 5-54。和与放的对比之下，凸显茜棕色的柔而不媚、平淡坦然，以及深绀色的坚强磊落，展现出穿着者洒脱不羁的艺术气韵，如图 5-55。

▲ 图 5-54

▲ 图 5-55

▲ 图 5-56

图 5-56 为蓝靛扎染纯麻裙，分别在素淡白麻裙的不同造型部分采用不规则外放式纹样，形成跳跃式的动态旋律感，体现一种既素雅又活泼的意蕴。本款不是成衣扎染，首先下裙裁片与右袖裁片分别单独扎染，然后左上衣身装上左袖后，扎染肩部和左袖部，全部扎染完成后再与其他衣片拼接缝合。

## 2. 动与静的平衡

动与静最为和谐的状态是达到动态的平衡，不安定因素形成动感，如造成视觉不安定感的斜线和富于旋律的曲线，还有强对比的色彩，都会使服装产生一定的韵律感、立体感。对比离开平衡就失去了和谐，平衡没有对比就是平庸。过于平衡的因素，就需要用另外一个不安定因素去打破，如应用单纯的线条，进行疏密、方向对比，就可以增加动感。当然，过于不安定的因素也需要另外一种安定因素去制约，如复杂的肌理变化可采用同一色调，即使形成很大的深浅变化也会比较和谐。

动感较强的曲线，优美轻快，富于旋律，其形式是千变万化的，有简单曲线与复杂曲线之分。简单的曲线就如流动的水纹，可以是弯曲的波状线，也可以是旋转的螺旋线。通过疏密对比、方向对比等手法，即使没有色彩的变化，其整体的虚实、强弱对比效果也一览无遗。

进行动与静的平衡设计讲究宏观上布局，微观处强调，突出设计主题，还要讲究纹样合理，指纹样造型与面料肌理及色彩之间的和谐性，设计主题与色彩、纹样造型元素之间都存在着静态与动态形式的关联，应该是一种和谐的共处关系。

以茜草扎染双层绉麻的厚型斜襟旗袍（图 5-57）为例，讲解一下动静平衡的具体实施方案。在传统观念中，厚重的粗糙肌理代表着质朴与阳刚，用肌理明显的厚型双层绉麻面料来做传统斜襟旗袍形制，要体现出女性既随性又柔美的形态，还要满足于日常秋冬穿着的功能性，这是个有趣的挑战。

▲ 图 5-57

A 型款设计：首先用 A 造型的手法来打破旗袍紧身形式对身体的束缚，放松胸腰差量（如前片只有腋下省道）进行恰当的修身适体剪裁，凸显随意舒适之感，A 型的整体廓型使行动不受拘束的同时还可修正形体（遮挡臀肚）。

线型纹样设计：厚型面料服装廓型风格硬朗，容易显得呆板，采用有律动感的线型，可以弱化造型的硬挺质感。首先要根据面料的肌理特点与方向来设计纹样，这款双层绉麻为纵向褶皱，因此纵向线型纹样更为和谐；根据斜大襟的款式特点，在前门襟、肩部、体侧、底摆，利用不对称、不规则的流线型纹理走向，增加轻快柔美感的同时，凸显人体的修长美态，也使款式的斜襟结构更加清晰明确，纵向曲线从视觉上也起到了拉长身高的效果，动静结合，疏密相宜，体现独一无二的艺术感。

色彩肌理设计：采用有轻盈感的茜草染粉色系，运用色彩的深浅变化来强调形体的空间造型感，不同方向与疏密、深浅对比的线型纹样形成优美的律动感，纹样会随着人体空间造型、体态动作而产生变化，只用单纯的色彩与平面纹样就可以展现多层次的美感。

制作技巧：本款式属先制衣后扎染效果（明矾媒染，茜草先染后媒），这种在衣服上扎染的手法更直观，也容易规划、控制。将衣服按照身长方向进行纵向不规则皱叠与缠绕，绳子的缠绕不能过密，否则横向浅色纹路会非常明显，捆扎时要注意各个部位的色彩深浅要求，想要染色深、纹理突出的效果，一定要叠放在最外面。本款式的前门襟、肩袖部、大襟开合处的体侧部位与底摆部都是需要强调的地方，染色之前要将这些部分调整到最外面。在本次捆扎基础上进行了多次浸染，每次染色一小时，明矾媒染半小时，历时三天完成，因浸染时间长，深浅对比明显，白色底色基本都被染成淡茜色。

## 3. 虚实相生的层次

虚则隐，实则显，显与隐相辅相成，能造成丰富的层次感。近大远小、近实远虚，纹饰的视觉元素都可以运用这种方式来形成立体空间。一般可在形状、材质、色彩上入手，如形状的大小、虚实，色彩的明暗等。服饰纹饰设计讲究整体要有主与次、实与虚、疏与密的层次性。纹饰设计应该是既丰富又单纯，丰富指色彩变化形成的纹理意蕴的复杂性，为虚；单纯指纹样造型的直观性，为实。在确定好纹饰制作工艺以后，结合延伸、穿插、呼应等艺术形式，运用深与浅、明与暗、大与小、前与后等手法，形成气韵生动、自然质朴的气质和韵味。

套染多色时要注意把握色与色之间既对比又相融的虚实变化。暖色系的高彩度色和高明度色容易吸引人的注意力，属于前进色，冷色系、低彩度色和低明度色属于后退色。对比弱的两色容易实现虚实层次的和谐，对比大的色彩要从面积与位置上做文章，如可以将两色根据主次进行穿插交错处理。

图5-58为蓝靛扎染丝麻长裙，利用纹饰元素的虚实、隐显对比，运用轻与重、简洁与复杂的对比手法，形成以大的纵向纹理为主，小

▲ 图5-58

的横向纹理为辅的不对称格局，显与隐的变化形成未知的空间想象，每一个角度都有各异的虚实层次，丰富的纹理变化形成多维的空间感觉，呈现宁静、广阔、延展的视觉效果。

▲ 图5-59

先分三步进行规则的叠扎手法：①衣长方向的纵向中缝对折后，再对向向外叠，这样前后各一半都叠在外面；②采用折扇折叠方式进行横向（布宽）折叠；③用长竹板进行规则的横向夹绑；④染色后，形成比较规则的大肌理；⑤拆掉竹板后，进行皱扎，在大肌理之间添加变化丰富的小型纹样。

疏与密是虚与实的一种对比表现，点状肌理在密集状态下有前进的感觉，稀疏状态下有后退的感觉。在满足人体美学的前提下，点状肌理疏密排列所产生的视错感可以使材质呈现出丰富的空间感觉。图5-59为蓝靛与苏木染色真丝双绉长裙，点状纹样为苏木＋青矾媒染，呈现深紫色，有为实，无为虚，显为实，隐为虚，点状纹样的忽离忽合与色彩的时显时隐，产生虚实相生的空间律动韵味，加上极简主义的造型，品味出一种清逸、空灵的境界。

图 5-60 为制作过程：①将面料进行前后对折，根据设计在幅宽的 1/2 处进行不规则挤扎，点状形态呈聚拢与分散的虚实对比，入清水中浸透（图 1）；②分别入苏木染液中浸染几个挤扎部位，微染既可，呈现橘色（图 2）；③将染过的苏木部分浸入青矾水中媒染，很快变色，打开挤扎处，点状纹样呈现深紫色（图 3）；④面料的另一半幅宽处进行蓝靛微染，即成（图 4）。

▲ 图 5-60

# 参考文献

1. 曾启雄. 中国失落的色彩 [M]. 台湾：耶鲁国际文化出版社，2003.

2. 染经，吴慎因. 中国纺织科技史资料 [J]（第 12 集，内部发行).1983.11.

3. 金少萍，吴昊. 中国古代文献中记载的植物染料及其文化内涵. 烟台大学学报：哲学社会科学版 [J].2012,25（4）

4. 赵翰生，李劲松. 考工记"钟氏染羽"新解. 广西民族大学学报：自然科学版 [J].2012，18（3）

5. 孙云嵩. 茜草——红色的植物染料. 丝绸 [J].2001.11.

6. 国染馆—首席杂工的博客. 网址：http://blog.sina.com.cn/cjsc999

图书在版编目（ＣＩＰ）数据

草木染服饰设计 ／ 张丽琴著. —— 上海 ：东华大学出版社，2018.8

ISBN 978-7-5669-1468-2

Ⅰ．①草… Ⅱ．①张… Ⅲ．①植物－染料染色－服装

色彩－图案设计②植物－染料染色－服装设计－图案设计Ⅳ．①TS193.62②TS941.11③TS941.2

中国版本图书馆CIP数据核字(2018)第203783号

责任编辑　谢　未

版式设计　闫　雪

## 草木染服饰设计
CAOMURAN FUSHI SHEJI

著　　　者：张丽琴

出　　　版：东华大学出版社

（上海市延安西路1882号　邮政编码：200051）

出版社网址：dhupress.dhu.edu.cn

天猫旗舰店：http://dhdx.tmall.com

营销中心：021-62193056　62373056　62379558

印　　　刷：深圳市彩之欣印刷有限公司

开　　　本：889 mm×1194 mm　1/16

印　　　张：7.5

字　　　数：264千字

版　　　次：2018年8月第1版

印　　　次：2018年8月第1次印刷

书　　　号：ISBN 978-7-5669-1468-2

定　　　价：58.00元